機械設計製図テキスト

手巻ウインチ

博士（工学） 長町 拓夫 著

コロナ社

は じ め に

　本書は高専・大学の機械系学科で開講される設計製図演習のテキストに使われることを目的として，その題材に手巻ウインチを取り上げて解説したものです。

　1980年代以前には，設計製図演習の受講生には多くの課題が課せられました。例えば，歯車増減速機，動力ウインチ・クレーン，ガソリンエンジン・ディーゼルエンジン，渦巻ポンプ・歯車ポンプ，遠心ファン・ブロア，ボイラ・熱交換器，油圧ジャッキなどの油圧機器，プレス機などの工作機械，ガスタービン・蒸気タービンなどです。講義で習った材料力学，機械材料，機械力学，機械要素学，生産加工学，流体力学，熱力学，制御工学などの知識を，それらに対応する設計課題演習を体験することによって身につけていきました。

　近年，2次元CADならびに3次元CADが普及し，高専・大学にもCADの演習が導入されました。CADで図面を書くためには，まずその操作法を習得する必要があります。上記の課題演習のための時間がCADの操作法の習得のために割かれるようになり，最近では，課題による設計製図演習をまったく行わない大学もあるようです。

　本書では，手巻ウインチを題材に「強度計算」に主眼をおき，少ない演習時間でも機械設計・製図の概念が習得できるように要点を集約して解説しています。

　手巻ウインチは重量物を引き寄せる荷役機械です。人力によるトルクを歯車減速機構によって増幅し，増幅されたトルクを巻胴に伝達し，巻胴の回転によってワイヤロープを巻き取ります。また，ラチェット機構によって重量物の降下を防ぎ，ブレーキ装置によって降下時の降下速度を制御します。設計には所要の性能が発揮できるように歯車減速比，ブレーキトルクなどを設定する必要があります。そしてなにより大切なのは「強度計算」です。軸，歯車，ラチェット，ブレーキなど手巻ウインチを構成するそれぞれの部品に作用する荷重よりも部品の許容荷重が大きくなるように，材料の選定や寸法を決定する必要があります。いまどき手巻ウインチ？と思われるかもしれませんが，手巻ウインチは理論と実際を結びつけ，かつ構造が簡単でわかりやすく，設計製図演習の題材にとても適しています。

　「強度計算」は試行錯誤の作業が伴います。そこで，パソコンの表計算ソフトを使うことを推奨します。図Aにその計算例を示します。また，計算間違いや部品の干渉を見つけるために，各節ごとに「計画図」を書く構成にしています。「計画図」は縮尺を決めて正確に方眼紙に書くように努めてください。正確であればフリーハンドでもかまいません。

　表Aに設計仕様の課題例を示します。参考にしてください。

表A　設計仕様の課題例

巻上能力 kN	揚程 m	人用 人	巻上能力 kN	揚程 m	人用 人
7	10	1	7	20	1
7.5	10	1	7.5	20	1
8	10	1	8	20	1
8.5	10	1	8.5	20	1
9	10	1	9	20	1
9.5	10	1	9.5	20	1
10	10	1	10	20	1
10.5	10	1	10.5	20	1
11	10	1	11	20	1
15	10	2	15	20	2
16	10	2	16	20	2
17	10	2	17	20	2
18	10	2	18	20	2
19	10	2	19	20	2
20	10	2	20	20	2

はじめに

本書のJIS規格は，2011年時点のものであり，改訂されている場合があるので，最新のJISを確認して下さい。

本書の記述には多くの著書を参考にさせていただきました。それらの文献を以下に記し，厚くお礼申し上げます。

2011年9月

著 者

引用・参考文献

1) 水野正夫・中込昌孝：機械要素の強度，養賢堂（1987）
2) 機械設計研究会編：手巻きウインチの設計 第2版，理工学社（2001）
3) 日本機械学会編：機械実用便覧 改訂第4版，日本機械学会（1961）
4) 津村利光閲序・大西 清：JISにもとづく機械設計製図便覧 第10版，理工学社（2001）
5) 日本機械学会編：機械工学便覧B編（応用編）B1 機械要素設計 トライボロジー，日本機械学会（1985）
6) 編集委員会編：荷役機械工学便覧，コロナ社（1961）
7) 大西 清：新機械設計製図演習1 手巻ウインチ・クレーン，オーム社（1988）
8) 上野 誠：設計製図シリーズ(1) ウインチの設計，パワー社（2000）

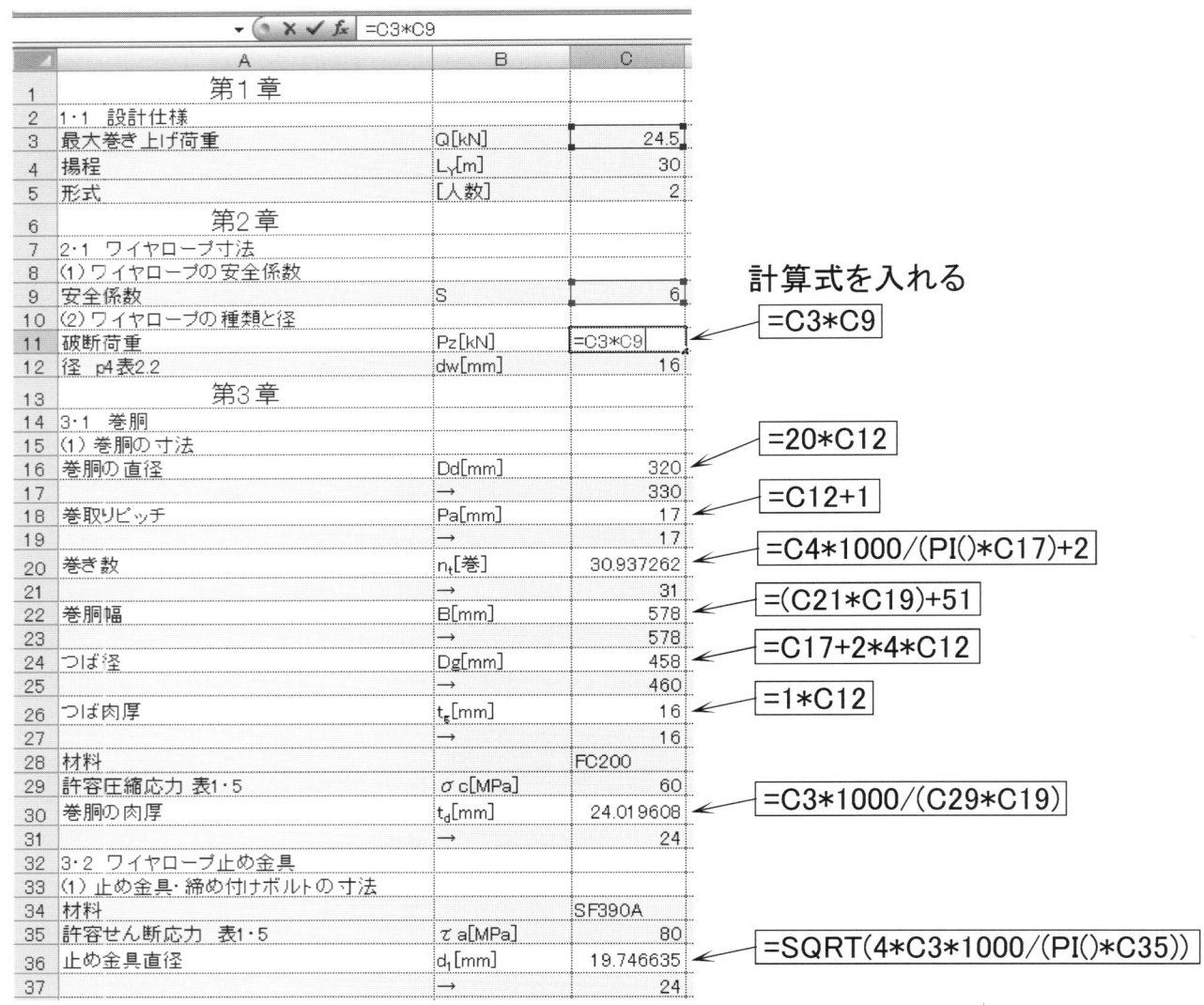

図A　パソコンで表計算ソフトを使う場合の計算例

目　　次

1章　設計仕様と材料
1.1　設 計 仕 様 …………………………………… 1
1.2　部品材料と許容応力 …………………………… 1

2章　ワイヤロープ
2.1　ワイヤロープ寸法 ……………………………… 5

3章　巻胴・ワイヤロープ止め金具
3.1　巻　　　胴 ……………………………………… 6
3.2　ワイヤロープ止め金具 ………………………… 8

4章　減速比と歯車諸元
4.1　減速比と歯数比 ………………………………… 12
4.2　平歯車の基本項目と強度 ……………………… 14

5章　ブレーキ装置
5.1　ブレーキドラム・バンドの設計 ……………… 18

6章　つめ車とつめ
6.1　つ　め　車 ……………………………………… 22
6.2　つ　め　軸 ……………………………………… 24
6.3　つ　　　め ……………………………………… 25

7章　軸　　　径
7.1　ハンドル軸 ……………………………………… 29
7.2　中　間　軸 ……………………………………… 31
7.3　巻　胴　軸 ……………………………………… 35

8章　軸と軸周辺部品
8.1　ハンドル軸とハンドル軸周辺部品 …………… 37
8.2　中間軸と中間軸周辺部品 ……………………… 42
8.3　巻胴軸と巻胴軸周辺部品 ……………………… 45

9章　歯車詳細寸法
9.1　小歯車の寸法 …………………………………… 47
9.2　中間軸大歯車の寸法 …………………………… 49
9.3　巻胴軸大歯車の寸法 …………………………… 51

10章　ブレーキ周辺部品
10.1　ブレーキドラムの寸法 ……………………… 52
10.2　バンド・止め板・止め軸 …………………… 54
10.3　ブレーキレバー・支点軸・支持金具・
　　　支え板・おもり ……………………………… 57

11章　フレームとフレーム周辺部品
11.1　フレーム・つなぎボルトの寸法 …………… 62

付録　製　図　例

索　引 …………………………………… 87

1章　設計仕様と材料

1.1　設計仕様

　ウインチ（巻き揚げ機）は，ドラム（巻胴）にワイヤロープ等を巻き付けることにより，重量物の上げ下ろし，引張り，運搬作業などに使用される機械である。構造物に固定される定置型ウインチ，車両などに搭載される搭載型ウインチ，小型軽量な可搬型ウインチに分類される。定置型は工事現場，工場や倉庫，鉱山，漁港などで使用され，重量物の昇降，土砂の搬出，扉や屋根の開閉，船の陸揚などに用いられる。搭載型は船舶，各種作業車，消防車やレッカー車，四輪駆動車などに搭載され，船舶の引き寄せやいかりの投下，荷物の積み下ろしや固縛，救助活動や牽引，障害物の撤去，悪路走行などに用いられる。可搬型は一般的に吊り下げ式の巻き揚げ機が使用され，工場内や作業現場であらゆる用途に用いられる。ウインチの動力は，定置型や搭載型では一般的に電動機や油圧モータが用いられる。可搬型は人力によるものが多い。

　ここで取り上げる手巻ウインチは，動力として人力を用いる定置型のウインチである。電源がない場所での使用や使用頻度が少ない場合での用途が考えられる。構造が簡単であるため機械設計，製図の演習に適したものであり，**図1.1**および**図1.2**にその概観図を示す。

　設計課題の例として，設計仕様をつぎのように定める。

> **課題の計算：1.1　設計仕様**
> （1）最大巻上げ荷重 Q：24.5 kN
> （2）揚程 L_Y：30 m
> （3）形式：2人用

1.2　部品材料と許容応力

　手巻ウインチの部品には鉄鋼材料が用いられる。鉄鋼材料を理解するために，**図1.3**に鉄-炭素系の二元平衡状態図を示す。高炉によって作られた銑鉄は炭素含有量が多い。そこで転炉で酸素と炭素を反応させて炭素含有量を少なくする。この方法で精錬されたものが炭素鋼である。炭素鋼の炭素含有量は0.02％～2.14％であり，その量に応じて軟鋼と硬鋼に分けられる。細分すると極軟鋼（炭素含有量0.12％以下），軟鋼（0.12～0.20％），半軟鋼（0.20～0.30％），半硬鋼（0.30～0.40％），硬鋼（0.40～0.50％），至硬鋼（0.50～0.80％），最硬鋼（0.80％以上）となる。炭素鋼は板や棒の形状に成形され，機械構造用炭素鋼鋼材（SC材）や一般構造用圧延鋼材（SS材）などとして出荷される。板や棒に成形せずに直接製品形状に成形されるものが鋳鋼である。一般的な鋳鋼の炭素含有量は0.1～0.6％程度である。一方，鋳鉄はキューポラでコークスと地金などを溶解して作られる。鋳鉄の炭素含有量は2.14～6.67％と多い。溶解温度が低いので鋳造材料として用いられるが，靭性や延性は小さい。これらの材料の特性，形状などを簡略に扱うために，JISでは材料記号を定めている。**表1.1**にJISによる鉄鋼系材料記号例を示す。

　外力が加わると部品に応力が発生する。応力が許容応力を超えた状態で使用し続けると，部品に疲労破壊や永久変形が起こる。そのため許容応力を超えないような部品設計を行う必要がある。許容応力は使用する材料の降伏点・疲れ限度の値を求め，部品形状や使用状況から応力集中係数，荷重係数，材料係数，環境係数などから求

図1.1　実際に使用されている手巻ウインチ

1. 設計仕様と材料

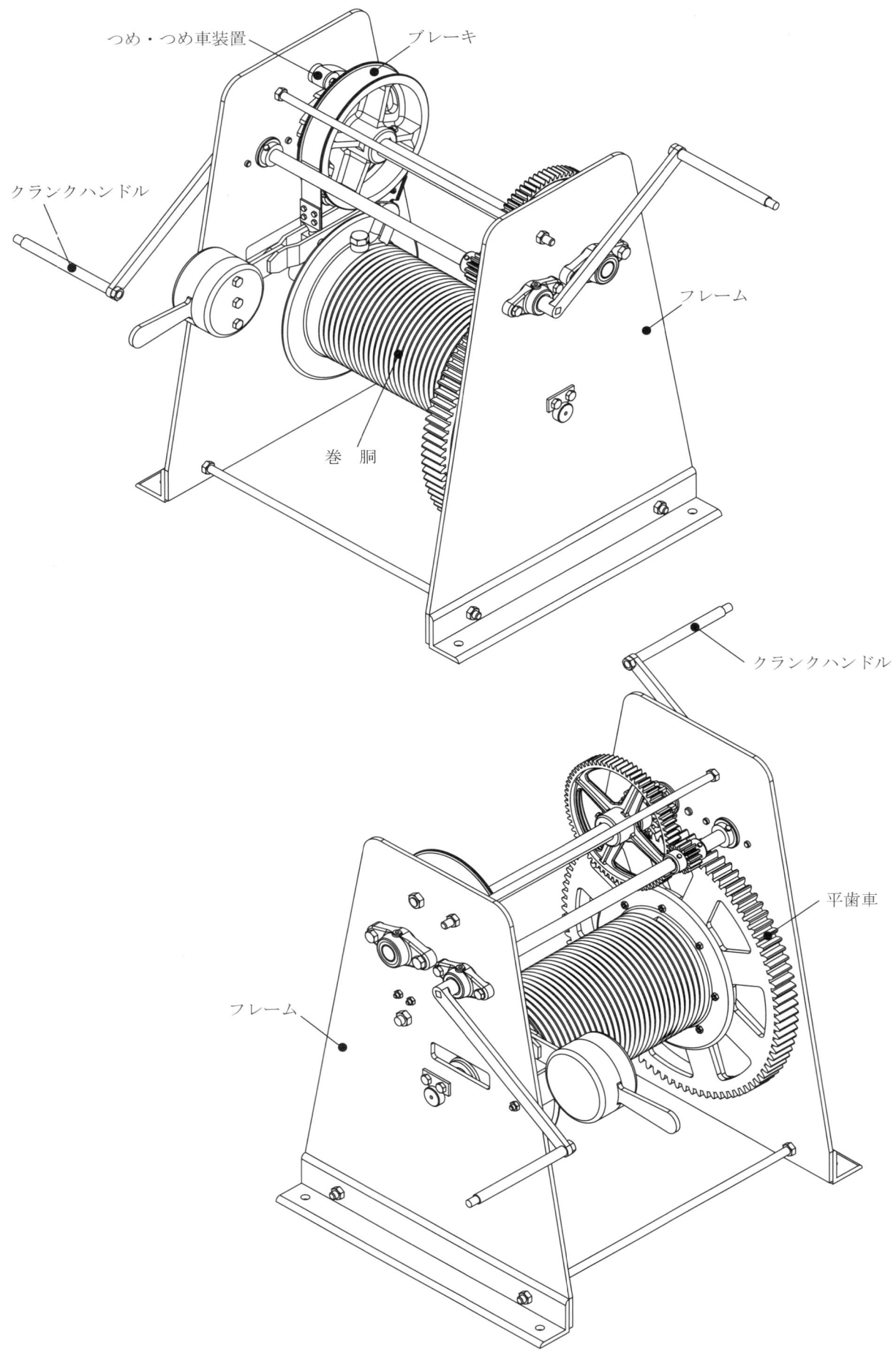

図1.2 手巻きウインチの概観図

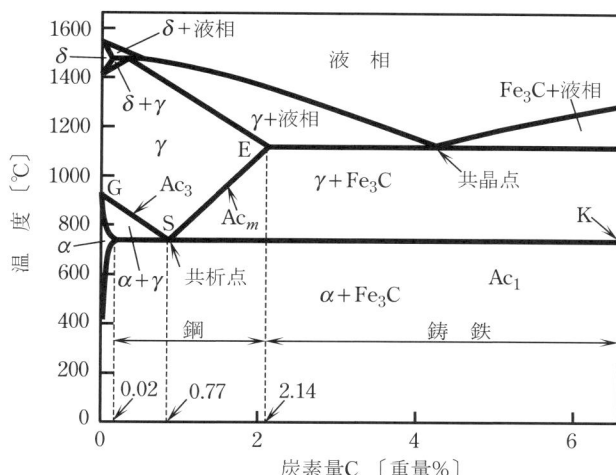

図1.3 鉄-炭素系の二元平衡状態図

表1.1 鉄鋼系材料記号の表し方の例

記　号	記号例	説　明
S○○C	S45C	機械構造用炭素鋼鋼材．○○は炭素含有量（$\times 10^{-2}$%）脱酸度の高いキルド鋼から作られ，材料成分を基準とした炭素鋼．
SS○○○	SS400	一般構造用圧延鋼材．○○○は最低引張強さ．脱酸度の低いリムド鋼またはセミキルド鋼から作られ，強度を基準とした炭素鋼．
FC○○○	FC200	ネズミ鋳鉄品，○○○は最低引張強さ．
SC○○○	SC410	鋳鋼品，○○○は最低引張強さ．
SCM○○○	SCM350	クロムモリブデン鋼．ごくわずかのクロム，モリブデン等を添加した低合金鋼．焼戻しに対する抵抗があり靭性もある．
SUS○○○	SUS304	ステンレス鋼．クロムやニッケルを含ませた合金鋼．さびに強い．
SK○	SK3	炭素工具鋼鋼材．炭素（0.55～1.50%），シリコン（0.10～0.35%，マンガン（0.10～0.50%）を含む炭素鋼．焼入れ・焼き戻しを行うことで硬度が高く耐摩耗性に優れた材料となる．
SKH○	SKH3	高速度工具鋼鋼材．鋼にクロム，タングステン，モリブデン，バナジウムを多量に添加したもので，高速での金属材料の切削を可能にする工具の材料．
SF○○○	SF390A	炭素鋼鍛鋼品．鍛造だけ，鍛造と圧延を組み合わせた方法によって作られる鋼で，特に，厚肉材の板厚方向の強度が一般の圧延品よりも高い．

められる安全率を考慮して求められる値である．安全率を大きくして許容応力を小さく見積もって設計を行うと，安全性が高くなるが，その反面部品が大型化しコストが増大する．各部品メーカーでは経験によるノウハウの蓄積により，信頼性が高くかつスリムな設計が行える許容応力の情報を所有しているが，そのような精度の高い許容応力の算定は難しい．そこで本書では，設計の手順と方法に主眼をおき，個々の安全係数の計算は省略する．歯車材料の許容応力については**表1.2**の値，軸材料については**表1.3**と**表1.4**の値，それ以外の材料については**表1.5**の値を用いることにする．

表1.2 歯車に用いられる材料の許容曲げ応力の例

種　別	記　号	引張強さ N/mm^2	許容繰り返し曲げ応力 N/mm^2
鋳　鉄	FC150	150以上	68
	FC200	200以上	88
	FC250	250以上	107
	FC300	300以上	127
鋳　鋼	SC410	401～539	117
	SC450	441～558	186
	SC480	460～597	196
機械構造用炭素鋼	S25C	441以上	205
	S35C	509以上	254
	S45C	568以上	294
はだ焼鋼	S15CK	490以上	294
	SNC415	784以上	343～392
	SNC815	980以上	392～539
ニッケルクロム鋼	SNC236	735以上	343～392
	SNC631	833以上	392～588
	SNC836	931以上	392～588

〔水野正夫・中込昌孝：機械要素の強度，養賢堂（1987）より〕

表1.3 軸に用いられる材料の引張強さの例（JIS G 3 123 抜粋）

種　別	記　号	引張強さ N/mm^2
炭素鋼みがき棒鋼	SGD290-D	340以上
	SGD400-D	450以上
	S20C-D	500以上
	S25C-D	539以上
	S30C-D	569以上
	S35C-D	608以上
	S40C-D	637以上
	S45C-D	667以上
	S50C-D	696以上

表1.4 強さが既知の軸材料の許容応力の例

	曲げ荷重のみが働く場合の許容曲げ応力 σ_b	ねじり荷重のみ，曲げとねじりの組み合わせ荷重が働く場合の許容せん断応力 τ_a
キー溝なし	降伏点の60% または 引張強さの36%以下	降伏点の30% または 引張強さの18%以下
キー溝あり	キー溝ありの軸とキー溝なしの軸との許容応力の比をγとすると $$\gamma = 1.0 - \frac{0.2b + 1.1t_1}{d}$$ ここで，bはキー溝の幅，t_1はキー溝の深さ，dは軸径である．キー溝の寸法が不明な場合は $\gamma = 0.75$ とする．	

〔機械設計研究会編：手巻きウインチの設計 第2版，理工学社（2001）より（一部改変）〕

表 1.5　鉄鋼の許容応力

(単位 N/mm²)

材料	引張荷重が働く場合の許容引張応力 σ_t			圧縮荷重のみ働く場合の許容圧縮応力 σ_c		曲げ荷重のみ働く場合の許容曲げ応力 σ_b			せん断荷重のみ、曲げとねじりの組み合わせ荷重が働く場合の許容せん断応力 τ_a			ねじり荷重のみ働く場合の許容せん断応力 τ_a		
	静荷重	繰り返し荷重		静荷重	繰り返し荷重	静荷重	繰り返し荷重		静荷重	繰り返し荷重		静荷重	繰り返し荷重	
		片振り	両振り		片振り		片振り	両振り		片振り	両振り		片振り	両振り
鋳　鉄	30	20	10	90	60	—	—	—	30	20	10	30	20	10
鋳　鋼	60~120	40~80	20~40	90~150	60~100	75~120	50~80	25~40	48~96	32~64	16~32	48~96	32~64	16~32
軟　鋼	90~150	60~100	30~50	90~150	60~100	90~150	60~100	30~50	72~120	48~80	24~40	60~120	40~80	20~40
硬　鋼	120~180	80~120	40~60	120~180	80~120	120~180	80~120	40~60	96~144	64~96	32~48	90~144	60~96	30~48

[日本機械学会編：機械実用便覧 改訂第4版, 日本機械学会 (1961) より]

2章 ワイヤロープ

ワイヤロープは鋼鉄線をより合わせた綱であり，仕様の荷重と安全率から適切な太さを選定する。

2.1 ワイヤロープ寸法

（1）ワイヤロープの安全率

表2.1にクレーン用ロープの安全率を示す。それに定められている値を参考にしてワイヤロープの安全率Sを決める。

（2）ワイヤロープの種類と径

手巻ウインチには3号の素線が使用されることが多い。図2.1に3号6×19ワイヤロープの断面図を，表2.2に破断荷重を示す。

ワイヤロープに要求される破断荷重P_zはつぎの式から求められる。

$$P_z = 巻上げ荷重 \times 安全係数 = Q \times S \quad (2.1)$$

ここで，Qは設計仕様の最大巻上げ荷重である。表2.2よりワイヤロープ径d_wを決定する。

図2.2にワイヤロープ端形状を示す。

課題の計算：2.1　ワイヤロープの寸法

（1）ワイヤロープの安全係数

ワイヤロープの安全係数は，表2.1より$S=6$とする。

（2）ワイヤロープの種類と径

ロープの破断荷重P_zは，式(2.1)より

$$P_z = 24.5 \times 10^3 \times 6 = 147\,000\,[\text{N}] = 147\,[\text{kN}]$$

したがって市販品を用い，素線が普通より，裸，B種を使用することとし，表2.2中の許容破断荷重が147kNと同等かそれより大きいワイヤロープの径のものを選択し，$d_w = 16\,[\text{mm}]$とする。

表2.1　クレーン用ロープの安全率

荷重状態	使用頻度	安全率	用途例
任意 全荷重で使うことが少ない	小 普通	6～6.5	フック付き各種クレーンの巻上げ，ジブ，カンチレバーなど。
全荷重で使うことが少ない 常時全荷重運転	大 普通	6.5～7	フック付き埠頭クレーン，製鉄製鋼作業用クレーンの巻上げ。
常時全荷重運転	大	7～8	グラブバケット付きクレーン，マグネット付きクレーンの巻上げ。
ロープが火炎にさらされる 荷重の変化が急激な場合		8～10	鋳なベクレーン，鋼塊クレーン，鍛造クレーンなどの巻上げ。
天井クレーンの場合		10以上	運転室，運転台が荷物とともに昇降する場合。
		4以上	つり上げでなく摩擦に抗して横引きする横行，走行，旋回。
ケーブルクレーンの場合		2.7以上	ケーブルクレーンのレールロープすなわち主索。
		4以上	構造物の抗張材として使用される静索，ケーブルクレーンの主索テークアップ。

〔津村利光閲序・大西　清：JISにもとづく機械設計製図便覧　第10版，理工学社（2001）より〕

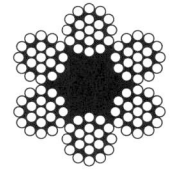

号別：3号
構成記号：6×19
呼び：19本線6より
中心繊維

図2.1　3号6×19ワイヤロープの断面
（JIS G 3525）

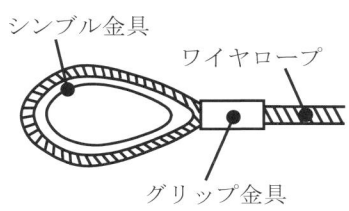

図2.2　ワイヤロープ端のアイ圧縮止め

表2.2　3号6×19ワイヤロープの許容破断荷重
（JIS G 3525）

ロープ径 d_w (mm)	許容破断 荷重 (kN) 普通より 裸B種	(参考) 概算 単位質量 (kg/m)	ロープ径 d_w (mm)	許容破断 荷重 (kN) 普通より 裸B種	(参考) 概算 単位質量 (kg/m)
4	9.22	0.058	14	113	0.713
5	14.4	0.091	16	148	0.932
6.3	22.9	0.144	18	187	1.18
8	36.9	0.233	20	230	1.46
9	46.7	0.295	22.4	289	1.83
10	57.6	0.364	25	364	2.28
11.2	72.3	0.457	28	452	2.85
(12)	(83)	(0.524)	30	519	3.28
12.5	90	0.569			

3章　巻胴・ワイヤロープ止め金具

巻胴は，ワイヤロープを巻取るための筒であり，鋳造または鋼管を加工して製作される。本設計では巻胴は鋳造品とする。

3.1　巻　　胴

巻き取りと送り出しを繰り返すと，ワイヤロープは巻胴によって曲げと曲げ戻しが繰り返されて疲労が起こる。巻胴直径が大きいほどワイヤロープの曲げ半径が大きくなるのでワイヤロープの寿命は長くなる。しかし，手巻ウインチ全体の小型化を考えると小径の方が望ましい。以上のことから目的に合った巻胴直径を選択する。巻胴は**図3.1**および**図3.2**に示されるような形状とする。

（1）巻胴の寸法

図3.2中の寸法を決定する。巻き付けられたワイヤロープの中心位置の直径を巻胴直径 D_d とする。D_d は設計の慣習としてワイヤロープ径 d_w の20倍以上がよいとされている。

$$D_d \geq 20 \times \text{ワイヤロープ径} = 20 \times d_w \quad (3.1)$$

巻取りピッチ p_a を決める。巻胴にはつる巻き状のみぞを設けるのが望ましい。巻胴のみぞの寸法例を**表3.1**に示す。巻取りピッチ p_a は，ワイヤロープ径より1 mm～3 mm大きくし，次式により求められる。

$$\begin{aligned} p_a &= \text{ワイヤロープ径} + (1〜3) \\ &= d_w + (1〜3) \end{aligned} \quad (3.2)$$

巻き数 n_t を求める。ワイヤロープの巻き数 n_t は揚程 L_Y から求められ，さらに2〜3巻きの余裕をとる。

$$\begin{aligned} n_t &= \frac{\text{揚程}}{\text{巻胴周長}} + (2〜3) \\ &= \frac{L_Y}{\pi D_d} + (2〜3) \end{aligned} \quad (3.3)$$

巻胴幅 B は次式により求められる。

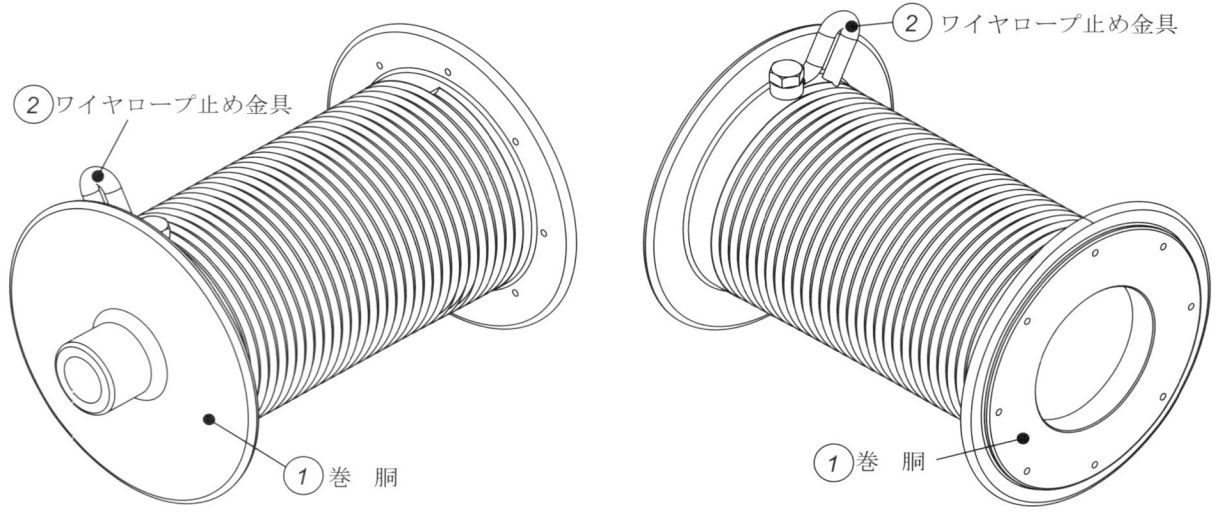

図3.1　巻胴とワイヤロープ止め金具

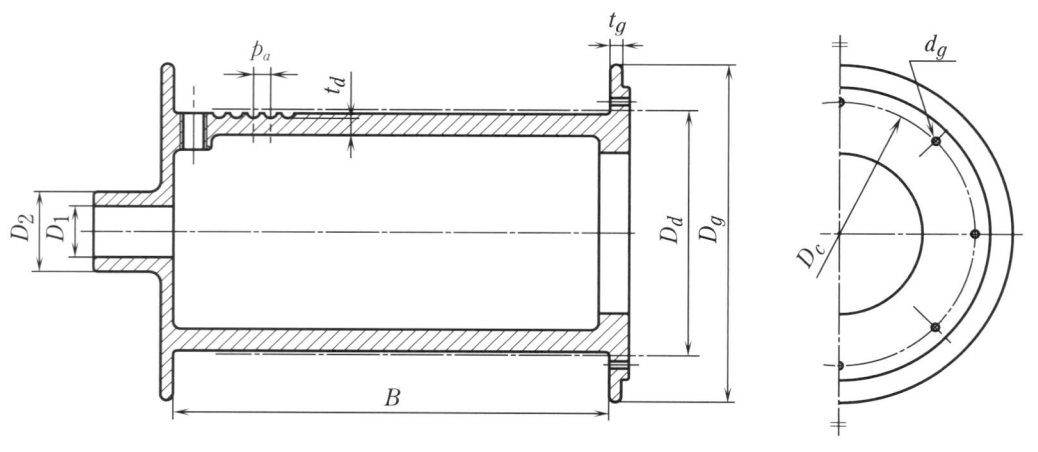

図3.2　巻胴の形状

$$B = 巻き数 \times 巻取りピッチ = n_t \times p_a \quad (3.4)$$

巻胴のつば径 D_g とつば肉厚 t_g は，ワイヤロープ径 d_w を基準に慣習としてそれぞれ次式により求められる。

$$D_g = D_d + 2 \times (3\sim 4) \times d_w \quad (3.5)$$
$$t_g = (1\sim 2) \times d_w \quad (3.6)$$

巻胴の肉厚 t_d を求める。一重巻きの場合の巻胴の肉厚 t_d は，次式により求められる。

巻上げ荷重 $\leqq$ 許容巻上げ荷重
 $=$ 周方向許容圧縮応力 $\times$ 1ピッチあたりの断面積
$$Q \leqq \sigma_c \times t_d \times p_a$$
$$t_d \geqq \frac{Q}{\sigma_c p_a} \quad (3.7)$$

ここで，Q は最大巻上げ荷重，σ_c は許容圧縮応力である。

表 3.1 巻胴のみぞ寸法例
(単位 mm)

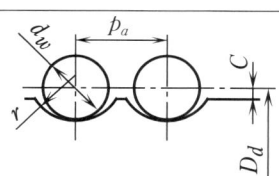

ロープ径 d_w	みぞ半径 r	C
10	6.3	1
11.2	6.3	1.6
12.5	7.1	1.75
14	8	2
16	9	2.4
18	10	2.7
20	11.2	2.9
22.4	12.5	3.2
25	14	3.5
28	16	4
31.5	18	4.55
35.5	20	5.25
40	22.4	6
45	25	6.5
50	28	7
56	31.5	8

〔津村利光閲序・大西 清：JIS にもとづく機械設計製図便覧 第10版，理工学社（2001）より〕

課題の計算：3.1　巻胴

巻胴の形状は図 3.1 のようにする。

（1）巻胴の寸法

式 (3.1) より巻胴直径 D_d は
$$D_d \geqq 20 \times 16 = 320 \text{[mm]} \rightarrow D_d = 330 \text{[mm]}$$
余裕をみて，$D_d = 330$ [mm] とする。

ワイヤロープの巻取りピッチ p_a は，式 (3.2) から
$$p_a = 16 + 1 = 17 \text{[mm]}$$
とする。表 3.1 よりみぞ半径 $r = 9$ [mm]，$C = 2.4$ [mm] とする。

ワイヤロープの巻き数 n_t は，式 (3.3) より
$$n_t = \frac{30 \times 10^3}{\pi \times 330} + 2 = 28.9 + 2$$
$$= 30.9 \text{[巻き]} \rightarrow n_t = 31 \text{[巻き]}$$
とする。

巻胴幅 B は，式 (3.4) より
$$B = 31 \times 17 = 527 \text{[mm]}$$
であるが，ワイヤロープ止め金具の取付けのためにおよそ 50 [mm] 程度（ここでは 51 [mm]）長くし
$$B = (31 \times 17) + 51 = 578 \text{[mm]}$$
とする。

巻胴のつば径 D_g とつば肉厚 t_g は，式 (3.5) および式 (3.6) より
$$D_g = 330 + 2 \times 4 \times 16$$
$$= 458 \text{[mm]} \rightarrow D_g = 460 \text{[mm]}$$
$$t_g = 1.0 \times 16 = 16 \text{[mm]} \rightarrow t_g = 16 \text{[mm]}$$
とする。

巻胴の肉厚を求める。巻胴は鋳造品とし，材料は鋳鉄 FC200 とする。許容圧縮応力 σ_c は，表 1.5 の鋳鉄，圧縮荷重のみ働く場合の片振り繰り返し荷重の値より $\sigma_c = 60$ [MPa] とする。巻胴の肉厚 t_d は，式 (3.7) より
$$t_d \geqq \frac{24.5 \times 10^3}{60 \times 17} = 24.0 \text{[mm]} \rightarrow t_d = 24 \text{[mm]}$$
とする。

3.2 ワイヤロープ止め金具

図3.3に止め金具を示す。図2.2に示したように端を加工したワイヤロープを止め金具に掛け，巻胴に止め金具を固定する。止め金具は鍛造品とする。

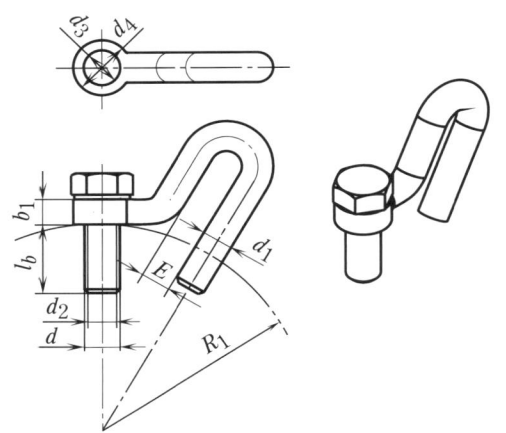

図3.3 止め金具の形状

（1）止め金具・締め付けボルトの寸法

図3.3中の寸法を決定する。止め金具の直径d_1は，

巻上げ荷重 ≦ 止め金具の許容せん断力

でなければならないので

$$Q \leq \tau_a \times \pi \frac{d_1^2}{4}$$
$$d_1 \geq \sqrt{\frac{4Q}{\pi \tau_a}} \tag{3.8}$$

ここで，Qは巻上げ荷重，τ_aは許容せん断応力である。

締め付けボルトの呼び径dは

$$d_2 \text{（ねじの谷の径）} > d_1$$

となるような並目ねじを選択する。**表3.2**にメートル並目ねじの寸法を**表3.3**に六角ボルト，六角ナットの寸法を示す。

取付け座の寸法d_3はボルト穴径の1級あるいは2級を採用する。**表3.4**にボルト穴径の寸法を示す。また，d_4は座金の外径をもとに決定する。**表3.5**に平座金の寸法を示す。取付け座の厚さb_1は

巻上げ荷重 ≦ 取付け座の許容引張力

$$Q \leq \sigma_t \times (d_4 - d_3) \times b_1$$
$$b_1 \geq \frac{Q}{(d_4 - d_3)\sigma_t} \tag{3.9}$$

とする。ここで，σ_tは許容引張応力である。

ボルトのねじ込み深さl_bは，めねじ部の材質により

めねじ部が鋼の場合：$l_b \geq d$
めねじ部が鋳鉄の場合：$l_b \geq 1.5 \times d$ (3.10)

とする。ここで，dは締め付けボルトの径である。

すきまEは図2.2のワイヤロープ端が引っかかるようにワイヤロープ径d_wより大きくする。

取付け半径R_1は巻胴直径D_dと表3.1のCから

$$R_1 = \frac{D_d}{2} - C \tag{3.11}$$

から求められる。

課題の計算：3.2 ワイヤロープ止め金具

止め金具の形状は図3.3のようにする。

（1）止め金具・締め付けボルトの寸法

止め金具の材料を炭素鋼鍛鋼品SF390Aとする。許容せん断応力τ_aは表1.5より軟鋼，せん断荷重が働く場合の片振り繰り返し荷重の値から，$\tau_a = 48 \sim 80$〔MPa〕となる。手巻きウインチは常時回転する機械ではなく，片振り荷重の繰り返し頻度は少ないと考えられるので，範囲内の最大値をとり，$\tau_a = 80$〔MPa〕とする。止め金具の直径d_1は式 (3.8) より

$$d_1 \geq \sqrt{\frac{4 \times 24.5 \times 10^3}{\pi \times 80}} = 19.7 \text{〔mm〕}$$
$$\to d_1 = 24 \text{〔mm〕}$$

余裕をみて$d_1 = 24$〔mm〕とする。

締め付けボルトの呼び径dは表3.2より，おねじの谷の径が19.7〔mm〕以上のボルトを選ぶとM24以上となる。ここでは余裕をみてM27のボルトを考える。表3.5（a）よりM27のボルトに対応する平座金小形の外径は44〔mm〕であり，課題の計算3.1の止め金具の取付けのための余裕51〔mm〕より小さい。よって締め付けボルトはM27とする。

取付け座の寸法d_3，厚さb_1を決める。M27のボルト穴径1級は$d_3 = 28$〔mm〕である。また，M27に使用する平座金小形の外径は$d_4 = 44$〔mm〕であるからこれにあわせて取付け座の外径も$d_4 = 44$〔mm〕とする。許容引張応力を表1.5より$\sigma_t = 60 \sim 100$〔MPa〕であるので最大値をとり$\sigma_t = 100$〔MPa〕とすると，取付け座厚さb_1は，式 (3.9) より以下とする。

$$b_1 \geq \frac{24.5 \times 10^3}{(44-28) \times 100} = 15.3 \text{〔mm〕}$$
$$\to b_1 = 20 \text{〔mm〕}$$

ボルトのねじ込み深さl_bは式 (3.10) より

$$l_b \geq 1.5d = 1.5 \times 27 = 40.5 \text{〔mm〕}$$
$$\to l_b = 41 \text{〔mm〕}$$

とする。そこで，図3.4に示すように取付金具部の肉厚を増加する。

すきまEはワイヤロープ径$d_w = 16$〔mm〕より，余裕をみて$E = 24$〔mm〕とする。

取り付け半径R_1は式 (3.11) より以下となる。

$$R_1 = \frac{330}{2} - 2.4 = 162.6 \text{〔mm〕}$$

図3.5，図3.6に示すように巻胴およびワイヤロープ止め金具の計画図が書ける。巻胴軸径が決まっていないので図3.5中の軸受部D_1，巻胴ボス径D_2，巻胴軸大歯車連結部D_3の寸法は決定できない。8章，9章で寸法が確定した後に修正を行う。

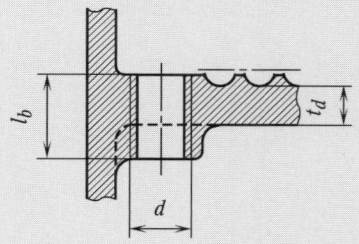

図3.4 ボルトのねじ込み部の形状

表 3.2 メートル並目ねじ（JIS B 0205）

（単位 mm）

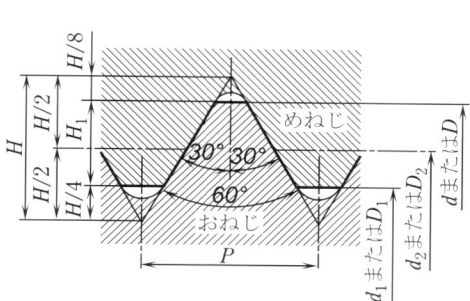

太い実線は基準山形を示す。
$H = 0.866\,025\,P$
$H_1 = 0.541\,266\,P$
$d_2 = d - 0.649\,519\,P$
$d_1 = d - 1.082\,532\,P$
$D = d$
$D_2 = d_2$
$D_1 = d_1$

〔適用範囲〕この規格は，一般に用いるメートル並目ねじについて規定する。
〔注〕＊順位は1を優先的に，必要に応じて2，3の順に選ぶ。
〔備考〕順位1，2，3は，ISO261に規定されているISOメートルねじの呼び径の選択基準に一致している。

ねじの呼び			ピッチ P	ひっかかりの高さ H_1	めねじ		
順 位＊					谷の径 D	有効径 D_2	内 径 D_1
					おねじ		
1	2	3			外 径 d	有効径 d_2	谷の径 d_1
M1			0.25	0.135	1.000	0.838	0.729
	M1.1		0.25	0.135	1.100	0.938	0.829
M1.2			0.25	0.135	1.200	1.038	0.929
	M1.4		0.3	0.162	1.400	1.205	1.075
M1.6			0.35	0.189	1.600	1.373	1.221
	M1.8		0.35	0.189	1.800	1.573	1.421
M2			0.4	0.217	2.000	1.740	1.567
	M2.2		0.45	0.244	2.200	1.908	1.713
M2.5			0.45	0.244	2.500	2.208	2.013
M3×0.5			0.5	0.271	3.000	2.675	2.459
	M3.5		0.6	0.325	3.500	3.110	2.850
M4×0.7			0.7	0.379	4.000	3.545	3.242
	M4.5		0.75	0.406	4.500	4.013	3.688
M5×0.8			0.8	0.433	5.000	4.480	4.134
M6			1	0.541	6.000	5.350	4.917
		M7	1	0.541	7.000	6.350	5.917
M8			1.25	0.677	8.000	7.188	6.647
		M9	1.25	0.677	9.000	8.188	7.647
M10			1.5	0.812	10.000	9.026	8.376
		M11	1.5	0.812	11.000	10.026	9.376
M12			1.75	0.947	12.000	10.863	10.106
	M14		2	1.083	14.000	12.701	11.835
M16			2	1.083	16.000	14.701	13.835
	M18		2.5	1.353	18.000	16.376	15.294
M20			2.5	1.353	20.000	18.376	17.294
	M22		2.5	1.353	22.000	20.376	19.294
M24			3	1.624	24.000	22.051	20.752
	M27		3	1.624	27.000	25.051	23.752
M30			3.5	1.894	30.000	27.727	26.211
	M33		3.5	1.894	33.000	30.727	29.211
M36			4	2.165	36.000	33.402	31.670
	M39		4	2.165	39.000	36.402	34.670
M42			4.5	2.436	42.000	39.077	37.129
	M45		4.5	2.436	45.000	42.077	40.129
M48			5	2.706	48.000	44.752	42.587
	M52		5	2.706	52.000	48.752	46.587
M56			5.5	2.977	56.000	52.428	50.046
	M61		5.5	2.977	60.000	56.428	54.046
M64			6	3.248	64.000	60.103	57.505
	M68		6	3.248	68.000	64.103	61.505

3.2 ワイヤロープ止め金具

表 3.3 六角ボルト，六角ナット（部品等級 A, B JIS B 1180, 1181 抜粋）

（単位 mm）

六角ボルト
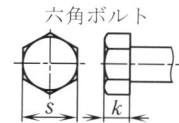

六角ナット
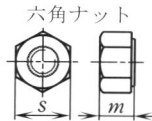

順 位		基準寸法		
1	2	s	k	m （スタイル1）
M1.6		3.2	1.1	1.3
M2		4	1.4	1.6
M2.5		5	1.7	2
M3		5.5	2	2.4
	M3.5	6	2.4	2.8
M4		7	2.8	3.2
M5		8	3.5	4.7
M6		10	4	5.2
M8		13	5.3	6.8
M10		16	6.4	8.4
M12		18	7.5	10.8
	M14	21	8.8	12.8
M16		24	10	14.8
	M18	27	11.5	15.8
M20		30	12.5	18
	M22	34	14	19.4
M24		36	15	21.5
	M27	41	17	23.8
M30		46	18.7	25.8
	M33	50	21	28.7
M36		55	22.5	31
	M39	60	25	33.4
M42		65	26	34
	M45	70	28	36
M48		75	30	38
	M52	80	33	42
M56		85	35	45
	M61	90	38	48
M64		95	40	51

表3.4 ボルト穴径およびざぐり径 (JIS B 1001)
(単位 mm)

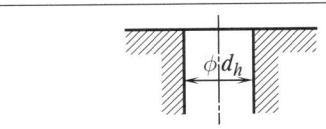
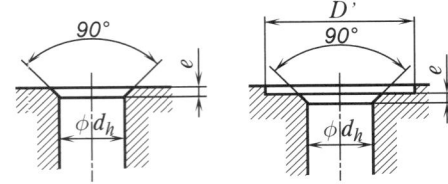

ねじの呼び径	ボルト穴径 d_h 1級	2級	3級	面取り e	ざぐり径 D'
1	1.1	1.2	1.3	0.2	3
1.2	1.3	1.4	1.5	0.2	4
1.4	1.5	1.6	1.8	0.2	4
1.6	1.7	1.8	2	0.2	5
1.8	2	2.1	2.2	0.2	5
2	2.2	2.4	2.6	0.3	7
2.5	2.7	2.9	3.1	0.3	8
3	3.2	3.4	3.6	0.3	9
3.5	3.7	3.9	4.2	0.3	10
4	4.3	4.5	4.8	0.3	11
4.5	4.8	5	5.3	0.4	13
5	5.3	5.5	5.8	0.4	13
6	6.4	6.6	7	0.4	15
7	7.4	7.6	8	0.4	18
8	8.4	9	10	0.6	20
10	10.5	11	12	0.6	24
12	13	13.5	14.5	1.1	28
14	15	15.5	16.5	1.1	32
16	17	17.5	18.5	1.1	35
18	19	20	21	1.1	39
20	21	22	24	1.2	43
22	23	24	26	1.2	46
24	25	26	28	1.7	50
27	28	30	32	1.7	55
30	31	33	35	1.7	62
33	34	36	38	1.7	66
36	37	39	42	1.7	72
39	40	42	45	1.7	76
42	43	45	48	1.8	82
45	46	48	52	1.8	87
48	50	52	56	2.3	93
52	54	56	62	2.3	100
56	58	62	66	3.5	110
60	62	66	70	3.5	115
64	66	70	74	3.5	122
68	70	74	78	3.5	127
72	74	78	82	3.5	133

表3.5 平座金 (JIS B 1256)

(a) 小形 部品等級 A
(単位 mm)

呼び径	内径基準寸法 d_1	外径基準寸法 d_2	厚さ h
1.6	1.70	3.5	0.3
2	2.20	4.5	0.3
2.5	2.70	5.0	0.5
3	3.20	6.0	0.5
3.5*	3.70	7.00	0.5
4	4.30	8.00	0.5
5	5.30	9.00	1
6	6.40	11.00	1.6
8	8.40	15.00	1.6
10	10.50	18.00	1.6
12	13.00	20.00	2
14*	15.00	24.00	2.5
16	17.00	28.00	2.5
18*	19.00	30.00	3
20	21.00	34.00	3
22*	23.00	37.00	3
24	25.00	39.00	4
27*	28.00	44.00	4
30	31.00	50.00	4
33*	34.00	54.8	4
36	37.00	60.0	5

〔注〕*印は第2選択,それ以外は第1選択

(b) 並形 部品等級 A
(単位 mm)

呼び径	内径基準寸法 d_1	外径基準寸法 d_2	厚さ h
1.6	1.70	4.0	0.3
2	2.20	5.0	0.3
2.5	2.70	6.0	0.5
3	3.20	7.00	0.5
3.5*	3.70	8.00	0.5
4	4.30	9.00	0.8
5	5.30	10.00	1
6	6.40	12.00	1.6
8	8.40	16.00	1.6
10	10.50	20.00	2
12	13.00	24.00	2.5
14*	15.00	28.00	2.5
16	17.00	30.00	3
18*	19.00	34.00	3
20	21.00	37.00	3
22*	23.00	39.00	3
24	25.00	44.00	4
27*	28.00	50.00	4
30	31.00	56.00	4
33*	34.00	60.0	5
36	37.00	66.0	5

〔注〕*印は第2選択,それ以外は第1選択

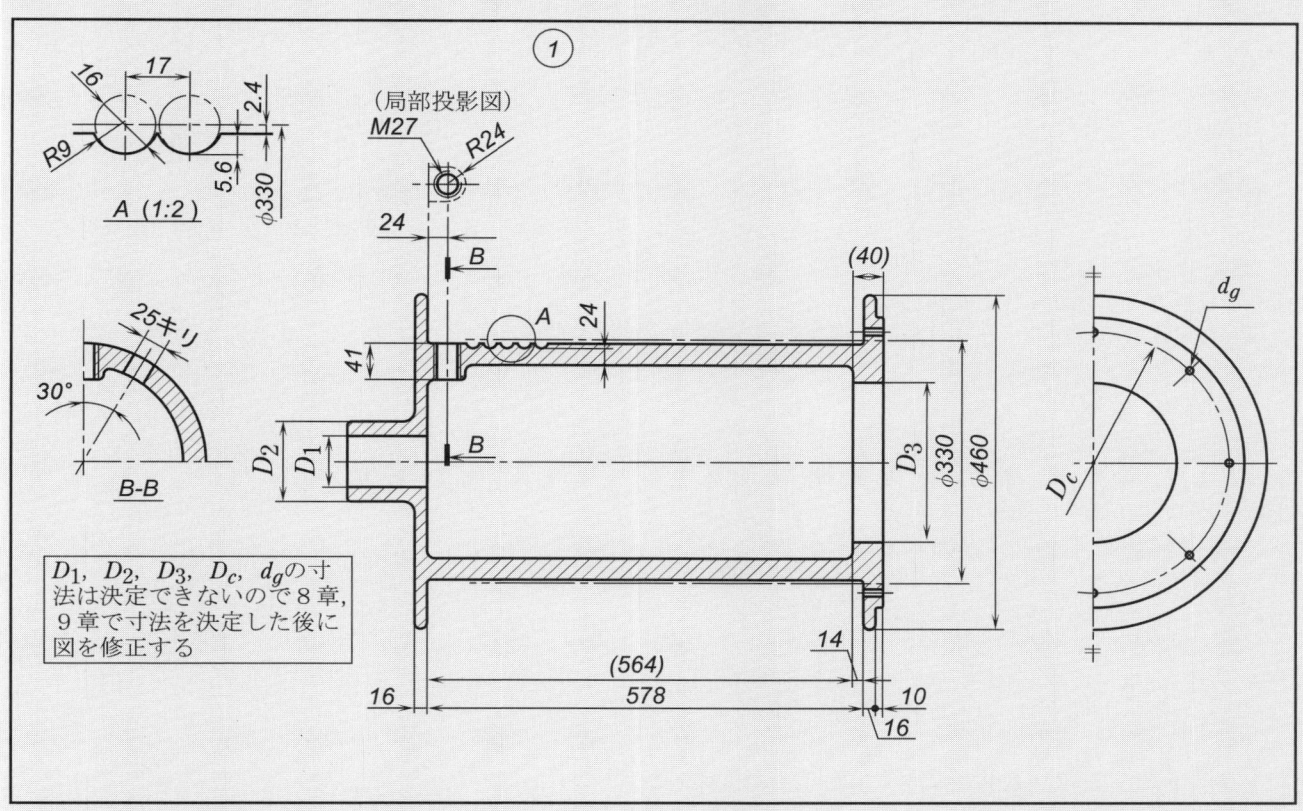

図 3.5 巻胴の計画図

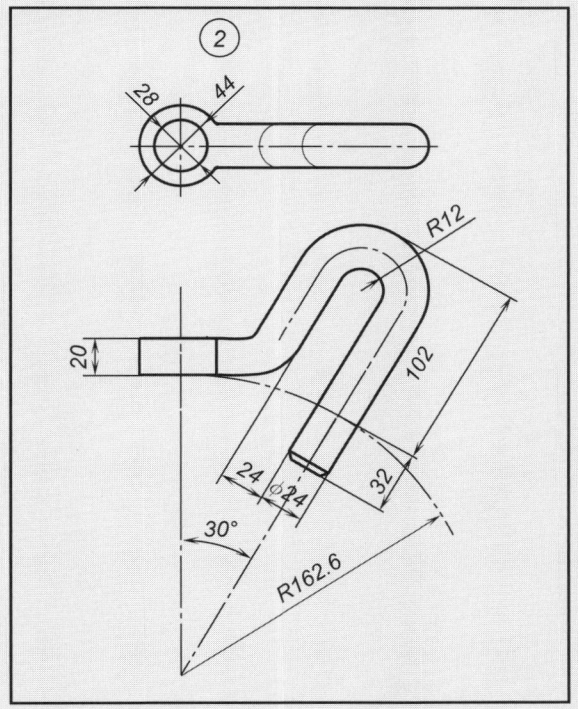

図 3.6 止め金具の計画図

4章　減速比と歯車諸元

4.1　減速比と歯数比

　手巻きウインチは人力の作用力により重量物を吊り上げるため，人力によるトルクを大きなトルクに増幅させる必要がある。そこで，人力による回転を2段の歯車により減速させ，それによりトルクを増大させる。各要素部品を設計する前に，設計仕様に基づく適正な減速比と歯数比を決める。

（1）減速比

　図4.1に歯車機構の概略図を，図4.2に巻き上げ時の回転方向を示す。人力によりハンドルが回転し，ハンドル軸に取り付けられた小歯車Aが回転し，中間軸に取り付けられた大歯車Bに動力が伝達される。それにより，中間軸に取り付けられた小歯車Cが回転し，巻胴軸に取り付けられた大歯車Dに動力が伝達され，巻胴が回転し荷物が吊り上げられる。

　トルクは減速比に反比例して増大するので

$$\text{巻胴に作用するトルク} = \frac{\text{人力によるトルク}}{\text{減速比}}$$

となる。しかし，軸受と軸の間に働く摩擦抵抗や歯車の歯面の摩擦抵抗などにより動力の損失が生じるため，人力による動力のすべては巻胴に伝達しない。したがって

$$\text{巻胴に作用するトルク} = \text{機械効率} \times \frac{\text{人力によるトルク}}{\text{減速比}}$$

と表される。ここで機械効率とは供給した動力に対する機械の有効動力の比であり，手巻きウインチの機械効率を表4.1に示す。人力の作用力をF，クランクハンドルの長さをLとすると，2人用のウインチの場合の人力によるトルクは$2FL$であるので

$$Q \frac{D_d}{2} = \frac{\eta \times 2FL}{i}$$

となる。ここで，ηは機械全効率 $\eta = \eta_1 \eta_2 \eta_3$（$\eta_1$はハンドル軸から中間軸への歯車の機械効率，$\eta_2$は中間軸から巻胴軸への歯車の機械効率，$\eta_3$は巻胴の機械効率），

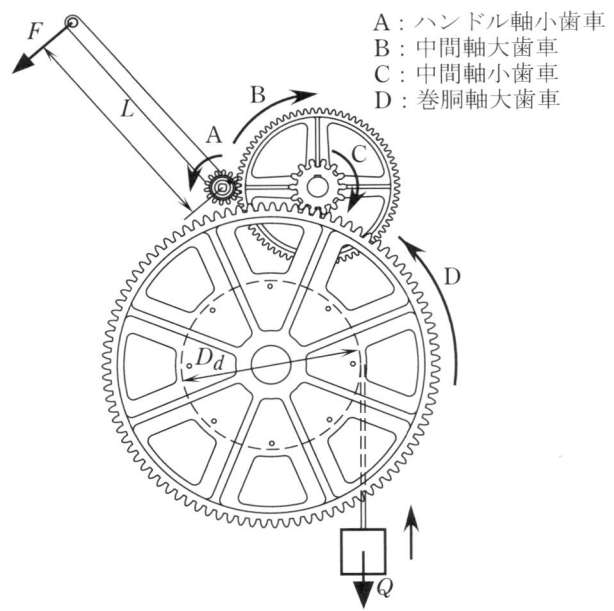

A：ハンドル軸小歯車
B：中間軸大歯車
C：中間軸小歯車
D：巻胴軸大歯車

図4.2　巻き上げ時の歯車の回転

表4.1　機械効率

装　置	効率 η
歯　車	0.95〜0.97
ワイヤーロープ巻胴	0.94〜0.96

（すべり軸受給油潤滑も含めた効率）

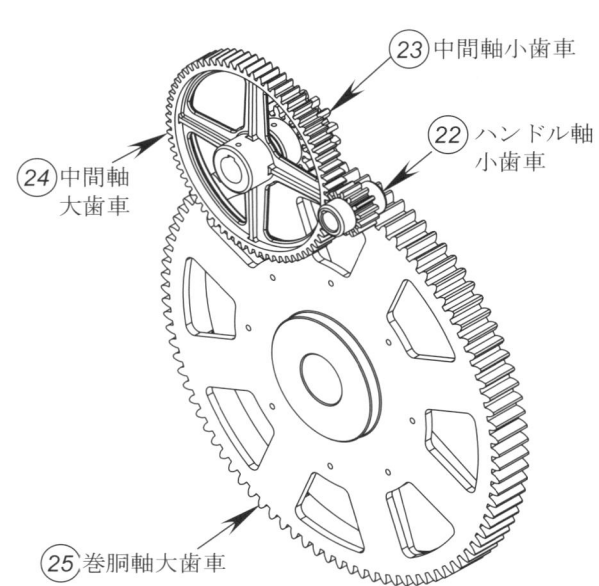
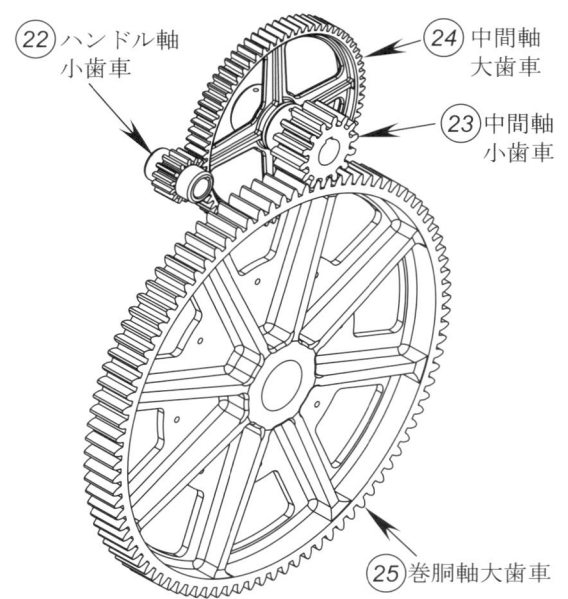

図4.1　歯車形状および減速機構

Q は巻上げ荷重，D_d は巻胴径である。

上式より減速比 i は

$$i = \eta \frac{4FL}{QD_d} \quad \text{(2 人用の場合)} \quad (4.1)$$

となる。1 人用のウインチの場合の人力によるトルクは FL であるので，

$$i = \eta \frac{2FL}{QD_d} \quad \text{(1 人用の場合)}$$

となる。**表 4.2** に人力の大きさの例を示す。クランクハンドルの長さ L は作業者の立場から，$300 \sim 500$〔mm〕が一般的である。

表 4.2 人力の大きさ

動 作	人力 F〔N〕
ハンドルを回す（巻き上げ機）	147
ハンドルを引く（ブレーキ）	196

（2）各軸に働くトルク，各歯車の歯数

ハンドル軸小歯車 A の歯数を Z_A，中間軸大歯車 B の歯数を Z_B，中間軸小歯車 C の歯数を Z_C，巻胴軸大歯車 D の歯数を Z_D とすると，ハンドル軸に働くトルク T_1 は

$$T_1 = 2FL \quad \text{(2 人用の場合)}$$
$$T_1 = FL \quad \text{(1 人用の場合)} \quad (4.2)$$

であるから，中間軸に働くトルク T_2 は

$$T_2 = \eta_1 T_1 \frac{Z_B}{Z_A} \quad (4.3)$$

巻胴軸に働くトルク T_3 は

$$T_3 = \eta_2 T_2 \frac{Z_D}{Z_C} \quad (4.4)$$

となり，巻上げ荷重 Q は

$$Q = \frac{2\eta_3 T_3}{D_d} \quad (4.5)$$

で表される。ここで，ハンドル軸小歯車と中間軸大歯車の減速比を i_1，中間軸小歯車と巻胴軸大歯車の減速比を i_2 とおくと

$$i_1 = \frac{Z_A}{Z_B} \quad (4.6)$$

$$i_2 = \frac{Z_C}{Z_D} \quad (4.7)$$

$$i = i_1 i_2 \quad (4.8)$$

また，機械全効率 η は

$$\eta = \eta_1 \eta_2 \eta_3 \quad (4.9)$$

であるから，式 (4.2)〜(4.9) をまとめると，式 (4.1) と同式となる。

使用する歯車は標準平歯車（転位係数 $x=0$）とする。標準平歯車の歯数の限界は実用的に 14 枚である。したがって歯数は 14 枚以上とする。

経験から，低速の機械に使われる平歯車の減速比は $1/7$ 以上とされている。$i_1 \geq 1/7$，$i_2 \geq 1/7$ とする。

歯数の組み合わせは自由であるが，かみ合う大歯車と小歯車の歯の数は互いに素であることが望ましい。いつも同じ歯と歯が当たる歯数にすると，微小な傷が大きくなり，特定の箇所で音が発生するなどの問題が生じやすく，歯車の寿命が短くなる。ただし，手巻きウインチの歯車は常時回転しないので，歯車の歯数は互いに素でなくてもよいことにする。

課題の計算：4.1 減速比と歯数比

歯車の構成は図 4.1 のようにする。

（1）減速比

表 4.1 より $\eta_1 = 0.95$，$\eta_2 = 0.95$，$\eta_3 = 0.94$，とすると式 (4.9) より

$$\eta = 0.95 \times 0.95 \times 0.94 = 0.85$$

設計仕様の最大巻上げ荷重 $Q = 24.5 \times 10^3$〔N〕，表 4.2 より人力 $F = 147$〔N〕，3.1 節 (1) より巻胴の直径 $D_d = 330$〔mm〕，クランクハンドルの長さ $L = 500$〔mm〕とすると，式 (4.1) より

$$i = \frac{0.85 \times 4 \times 147 \times 500}{24.5 \times 10^3 \times 330} = 0.03085$$

ここで，$\sqrt{0.03085} = 0.1756$ であるから i_1，i_2 は 0.1756 に近い値になるようにする。ただし，4.2 節 (2) で述べるように，巻胴軸には巻胴を取り付けるので，中間軸大歯車と巻胴が干渉しないようにやや $i_1 > i_2$ になるようにかつ，$i_2 \geq 1/7 = 0.143$ になるようにする。よって

$$i_1 = 0.2$$

とし，式 (4.8) より

$$i_2 = \frac{i}{i_1} = \frac{0.03085}{0.2} = 0.1542$$

と仮定する。

（2）各軸に働くトルク，各歯車の歯数

小歯車の歯数を実用的な限界歯数をとって

$$Z_A = 14$$
$$Z_C = 14$$

と仮定する。式 (4.6) より

$$Z_B = \frac{Z_A}{i_1} = \frac{14}{0.2} = 70$$

$$Z_D = \frac{Z_C}{i_2} = \frac{14}{0.1542} = 90.8 \rightarrow Z_D = 91$$

と仮定する。各歯数

$$Z_A = 14, Z_B = 70, Z_C = 14, Z_D = 91$$

から i_1，i_2，i を計算し直すと

$$i_1 = \frac{14}{70} = 0.2$$

$$i_2 = \frac{14}{91} = 0.1538$$

$$i = 0.2 \times 0.1538 = 0.03077$$

となる。確認のためトルクと巻上げ荷重を計算する。各軸に働くトルクは式 (4.2)〜(4.4) より

$$T_1 = 2 \times 147 \times 500 = 1.47 \times 10^5 \text{〔N·mm〕}$$

$$T_2 = 0.95 \times 1.47 \times 10^5 \times \frac{70}{14} = 6.98 \times 10^5 \text{〔N·mm〕}$$

$$T_3 = 0.95 \times 6.98 \times 10^5 \times \frac{91}{14} = 4.31 \times 10^6 \text{〔N·mm〕}$$

となり，巻上げ荷重 Q は，式 (4.5) より

$$Q = \frac{2 \times 0.94 \times 4.31 \times 10^6}{330} = 24.6 \times 10^3 \text{〔N〕}$$

となる。この値は 1.1 節の最大巻上げ能力 24.5〔kN〕の設計仕様を満足する。したがって各歯車の歯数を $Z_A = 14$，$Z_B = 70$，$Z_C = 14$，$Z_D = 91$ に決定する。

4.2 平歯車の基本項目と強度

モジュール・歯幅・圧力角と使用歯車材料を決定し，強度について検討する。

（1） モジュール，歯幅

一対の歯車において，それぞれの歯の大きさが同じでなければ歯と歯はかみ合わない。歯の大きさを表す値として，モジュールが使われる。モジュール m は，基準円直径 d を歯数 Z で除した値として定義される。

$$モジュール = \frac{基準円直径}{歯数}$$

$$m = \frac{d}{Z}$$

表 4.3 に JIS に定められているモジュール標準値を示す。モジュールを基準に定められる平歯車の基本項目を**図 4.3**，**表 4.4** に示す。

歯幅 b はモジュール m の6倍～10倍とするのが一般的であり

$$b = (6 \sim 10) \times m \tag{4.10}$$

とする。

モジュールを決定する前に，歯の曲げ強さについて説明する。歯車の曲げ強さの計算式は，1892年にルイスによって提案された。ルイスは荷重が加わっている1枚の歯を片持ちはりとみなすことにより，歯元に生じる曲げ応力を算定した。いま，**図 4.4** に示すように，歯先面に垂直に加わる荷重 P_n を考え，P_n の作用線と歯形の中心線の交点を点 A とする。さらに点 A を頂点とし，歯元曲線に内接する放物線を描き，その内接点を点 B, C とする。はりの高さを H，BC の長さを S とするとはりに働くモーメントは

$$M = P_c H = P_n H \cos\beta \tag{4.11}$$

となる。はりの断面係数 $z = bS^2/6$ が与えられるので，曲げ応力 σ_b は以下のように与えられる。

$$\sigma_b = \frac{6P_t H}{bS^2} = \frac{6P_n H \cos\beta}{bS^2} \tag{4.12}$$

一方基準円上の伝達力 $P = P_n \cos\alpha$ が与えられることから上式は

$$\sigma_b = \frac{6PH}{bS^2} \frac{\cos\beta}{\cos\alpha}$$

となる。さらに，$S = mS'$, $H = mH'$ なる変数を導入することにより

$$\sigma_b = \frac{P}{bm} \frac{\cos\beta}{\cos\alpha} \frac{6H'}{S'^2} = \frac{P}{bm} Y_{FS} \tag{4.13}$$

$$\left(Y_{FS} = \frac{\cos\beta}{\cos\alpha} \frac{6H'}{S'^2}\right)$$

ここで，Y_{FS} は歯形係数であり，**図 4.5** に歯数と歯形係数の関係を示す。設計においては，さらに歯元応力に影響を与える種々の要因を考えて，安全係数を K とし

$$\sigma_b = \frac{P}{bm} Y_{FS} K \tag{4.14}$$

となる。手巻きウインチの場合の安全係数は $K = 1.05$ とする。式 (4.14) の σ_b に使用材料の許容曲げ応力を代入すれば，基準円上の許容伝達力として P_a が算出され

表 4.3 歯車のモジュール標準値（JIS B 1701）

（単位 mm）

I	II	I	II
1			7
	1.125	8	
1.25			9
	1.375	10	
1.5			11
	1.75	12	
2			14
	2.25	16	
2.5			18
	2.75	20	
3			22
	3.5	25	
4			28
	4.5	32	
5			36
	5.5	40	
6			45
	(6.5)	50	

〔備考〕できるだけ I 列のモジュールを用いることが望ましい

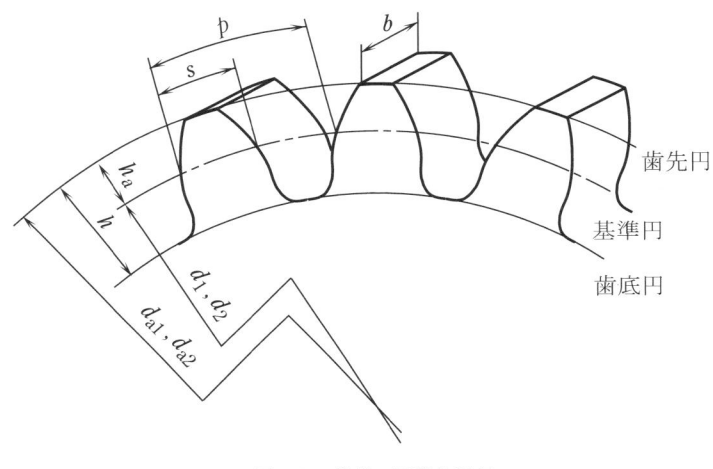

図 4.3 歯車の用語と記号

表 4.4 標準平歯車の寸法

項　目	小歯車	大歯車
モジュール	m	
歯　数	Z_1	Z_2
基準圧力角	$\alpha = 20°$	
基準円直径	$d_1 = Z_1 m$	$d_2 = Z_2 m$
全歯たけ	$h \geqq 2.25m$	
歯末のたけ	$h_a = m$	
円弧歯厚	$s = \pi m / 2$	
中心距離	$a = (Z_1 + Z_2)m/2$	
歯先円直径	$d_{a1} = (Z_1 + 2)m$	$d_{a2} = (Z_2 + 2)m$
ピッチ	$p = \pi m$	

4.2 平歯車の基本項目と強度　15

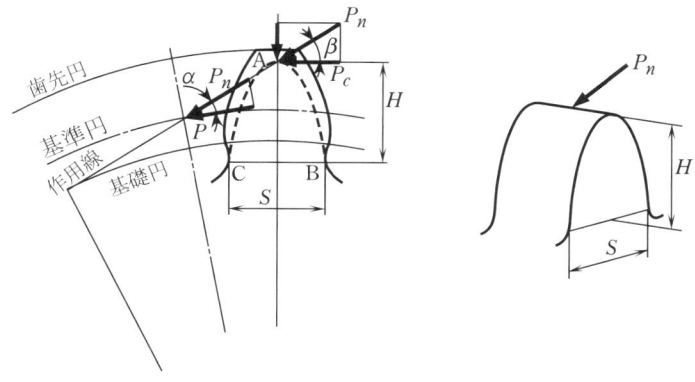

図 4.4 歯車の曲げ強度の考え方

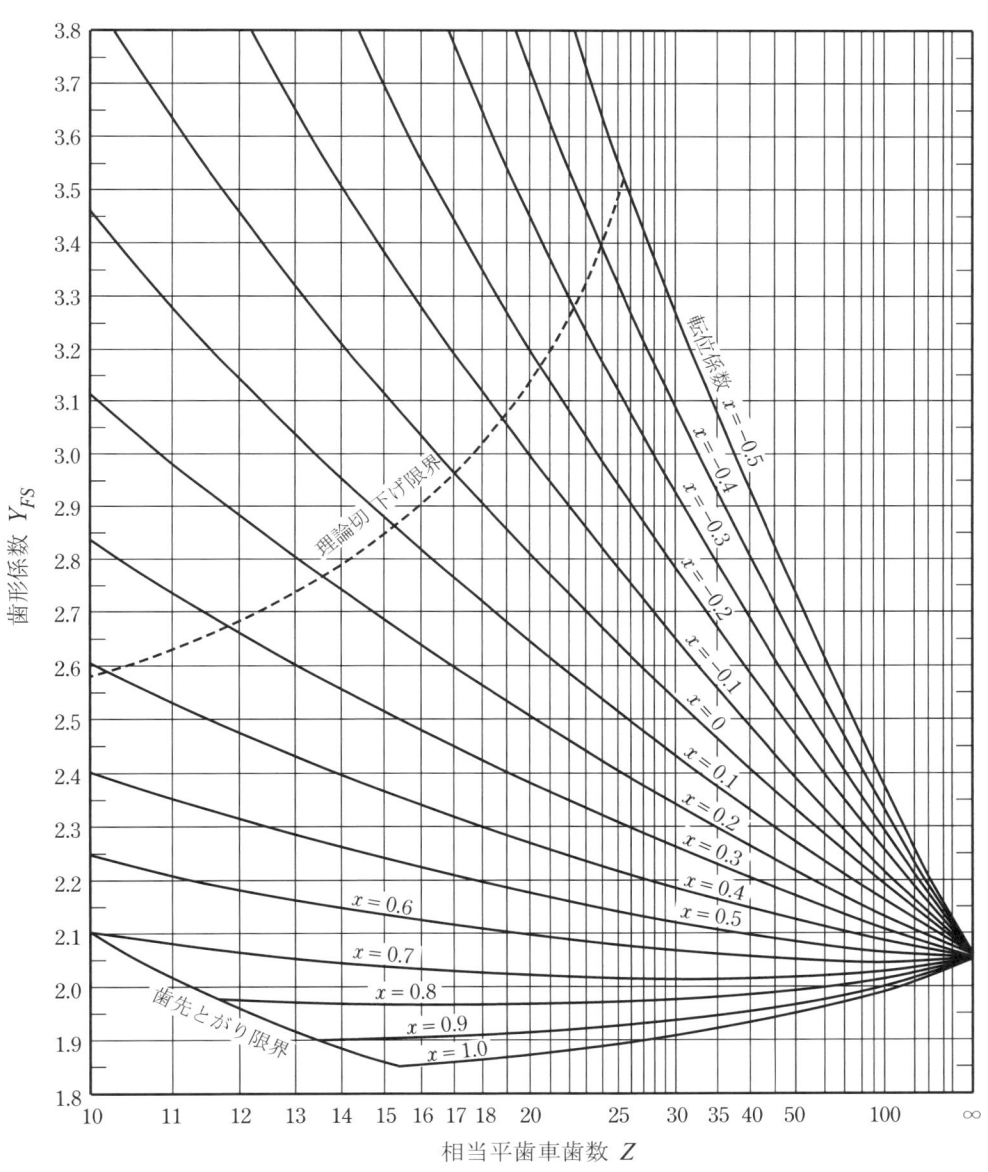

図 4.5 歯 形 係 数

る。すなわち

$$P_a = \sigma_b bm \frac{1}{Y_{FS} K} \tag{4.15}$$

となる。歯車の歯の許容曲げ応力 σ_b は表1.2に示されている。

歯車の基準円上に作用する力はつぎのように計算される。ハンドル軸小歯車Aの基準円上に作用する力 P_1 は，モジュールを m_1，ハンドル軸に作用するトルクを T_1 とすると

$$P_1 = \frac{\text{トルク}}{\text{基準円半径}} = \frac{2T_1}{m_1 Z_A} \tag{4.16}$$

となる。同様に中間軸小歯車Cの基準円上に作用する力 P_2 は，モジュールを m_2，中間軸に作用するトルクを T_2 とすると

$$P_2 = \frac{\text{トルク}}{\text{基準円半径}} = \frac{2T_2}{m_2 Z_C} \tag{4.17}$$

となる。

式(4.15)より計算される基準円上の許容伝達力が，式(4.16)あるいは式(4.17)より計算される基準円上に作用する力より大きくなるように，歯幅，モジュールを決定する。

歯車の設計に関しては，歯の曲げ強さだけでなく歯面強さからも強度計算する必要がある。手巻ウインチに関しては回転速度が小さいことから，ここでは歯面強さに関しては省略する。

(2) 巻胴との干渉，諸寸法

中間軸大歯車Bと巻胴が干渉しないことを確認する。中間軸小歯車Cと巻胴軸大歯車Dの中心距離を a_{CD}，中間軸大歯車Bの歯先円直径を d_{aB}，巻胴の径を D_d，ワイヤロープの径を d_w とすると，中間軸大歯車と巻胴とのすきま G は図4.6より

$$G = a_{CD} - \frac{d_{aB} + D_d + d_w}{2} \tag{4.18}$$

となる。a は表4.4の中心距離の項目より

$$a_{CD} = \frac{(Z_C + Z_D) m_2}{2} \tag{4.19}$$

d_{aB} は表4.4の歯先円直径の項目より

$$d_{aB} = (Z_B + 2) m_1 \tag{4.20}$$

から求められる。中間軸大歯車と巻胴が干渉せず，その隙間 G が20〔mm〕が以上あることを確認する。表4.4の項目について各歯車の諸寸法を決定する。

課題の計算：4.2　平歯車の基本項目と強度

(1) モジュール，歯幅

歯車の加工は鋳造とホブ切り仕上げとし，材料はFC200とする。

まず，ハンドル軸小歯車Aと中間軸大歯車Bのモジュール m_1 を決定する。表4.3から

　　小歯車Aと大歯車B：$m_1 = 5$

と仮定する。式(4.10)より歯幅 b_1 は

　　小歯車Aと大歯車B：$b_1 = 30 \sim 50$〔mm〕

となるので $b_1 = 40$〔mm〕と仮定する。式(4.15)より基準円上の許容伝達力 P_{1a} を計算する。FC200の許容繰り返し曲げ応力は表1.2より $\sigma_b = 88$〔MPa〕，歯形係数 Y_{FS} は小歯車Aは歯数 $Z_A = 14$ の標準平歯車（転位係数 $x = 0$）であることから図4.5より $Y_{FS} = 3.22$ となるから小歯車Aの許容伝達力 P_{1a} は

$$P_{1a} = 88 \times 40 \times 5 \times \frac{1}{3.22 \times 1.05} = 5.21 \times 10^3 〔\text{N}〕$$

となる。ハンドル軸に作用するトルク T_1 は式(4.2)より $T_1 = 1.47 \times 10^5$〔N·mm〕であるから小歯車Aの基準円上に作用する力 P_1 は，式(4.16)より

$$P_1 = \frac{2 \times 1.47 \times 10^5}{5 \times 14} = 4.20 \times 10^3 〔\text{N}〕$$

となる。$P_{1a} \geq P_1$ となることから小歯車Aの基準円上に作用する力は許容伝達力よりも小さく，曲げ強度からみて安全であるといえる。したがって小歯車Aと大歯車Bのモジュールは $m_1 = 5$，歯幅 $b_1 = 40$〔mm〕とする。もし計算した結果 $P_{1a} \leq P_1$ となる場合は，モジュール m_1 あるいは歯幅 b_1 を大きくして計算をやりなおして，$P_{1a} \geq P_1$ となるようにする。

同様に中間軸小歯車Cと巻胴軸大歯車Dのモジュールを決定する。表4.3より

　　小歯車Cと大歯車D：$m_2 = 8$

と仮定する。式(4.10)より歯幅 b_2 は

　　小歯車Cと大歯車D：$b_2 = 48 \sim 80$〔mm〕

となるので $b_2 = 64$〔mm〕と仮定する。式(4.15)より基準円上の許容伝達力 P_{2a} を計算する。FC200の許容繰り返し曲げ応力は，表1.2から $\sigma_b = 88$〔MPa〕，歯形係数 Y_{FS} は小歯車Cは歯数 $Z_C = 14$ の標準平歯車（転位係数 $x = 0$）であることから，図4.5より $Y_{FS} = 3.22$ となるから小歯車Cの許容伝達力 P_{2a} は

$$P_{2a} = 88 \times 64 \times 8 \times \frac{1}{3.22 \times 1.05} = 1.33 \times 10^4 〔\text{N}〕$$

となる。中間軸に作用するトルクを T_2 は，式(4.3)より $T_2 = 6.98 \times 10^5$〔N·mm〕であるから小歯車Cの基準円上に作用する力 P_2 は，式(4.17)より

$$P_2 = \frac{2 \times 6.98 \times 10^5}{8 \times 14} = 1.25 \times 10^4 〔\text{N}〕$$

となる。$P_{2a} \geq P_2$ となることから小歯車Cの基準円上に作用する力は許容伝達力よりも小さく，曲げ強度か

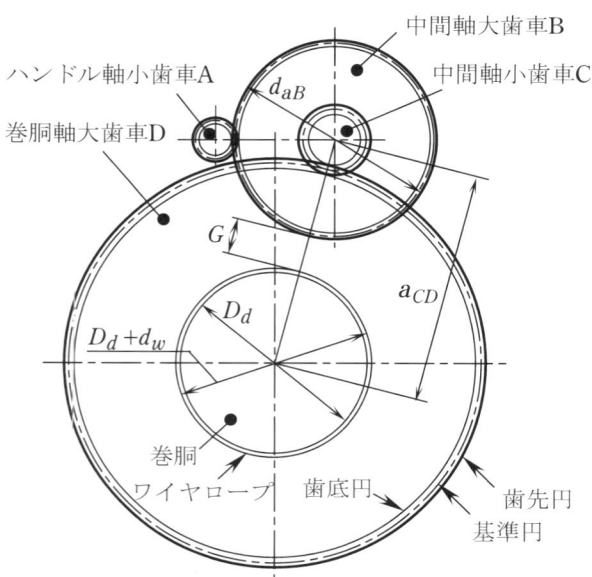

図4.6　歯車の位置と概略寸法

らみて安全であるといえる。したがって小歯車Cと大歯車Dのモジュールは$m_2=8$，歯幅$b_2=64$〔mm〕とする。もし計算した結果$P_{2a} \leqq P_2$となる場合は，モジュールm_2あるいは歯幅b_2を大きくして計算をやりなおして，$P_{2a} \geqq P_2$となるようにする。

（2）巻胴との干渉，諸寸法

中間軸大歯車と巻胴が干渉せず，そのすきまが20〔mm〕以上あることを確認する。中間軸小歯車Cと巻胴軸大歯車Dの中心距離a_{CD}は，式(4.19)より

$$a_{CD} = \frac{(14+91) \times 8}{2} = 420 \text{〔mm〕}$$

中間軸大歯車Bの歯先円直径をd_{aB}は，式(4.20)より

$$d_{aB} = (70+2) \times 5 = 360 \text{〔mm〕}$$

$D_d = 330$〔mm〕, $d_w = 16$〔mm〕であるから，中間軸大歯車と巻胴とのすきまGは，式(4.18)より

$$G = 420 - \frac{360+330+16}{2} = 67 \text{〔mm〕}$$

となり20〔mm〕以上となるので安全である。

各歯車の寸法を**表4.5**に示す。歯車の位置と概略寸法を**図4.7**に示す。図からも中間軸大歯車と巻胴とのすきまは20〔mm〕以上あるので安全なことが確認できる。

各歯車の寸法を決定し，表4.5のようにまとめる。また，歯車の設置位置を決定し，図4.7のように歯車，巻胴の概略図を方眼紙に書く。本課題では，ハンドル軸小歯車Aと中間軸大歯車Bの中心距離をa_{AB}とし，中間軸の中心位置は手巻ウインチの中心線から$a_{AB}/2$の位置になるように設計した。歯車の中心距離のサイズ公差は「0～+0.05」とした。作図から中間軸大歯車Bと巻胴との隙間が20〔mm〕以上になっているか確認する。図中のβは中間軸中心と巻胴軸中心を結んだ線の傾きであり，7章で使用される。本課題では

$$\beta = \sin^{-1}\left(\frac{\frac{a_{AB}}{2}}{a_{CD}}\right) = \sin^{-1}\left(\frac{105}{420}\right) = 14.5 \text{〔°〕}$$

となる。

表4.5 歯車の寸法

名称・記号		ハンドル軸小歯車A	中間軸大歯車B	中間軸小歯車C	巻胴軸大歯車D
圧力角	α	20°			
モジュール	m	5		8	
歯数	Z	14	70	14	91
基準円直径	d	70	350	112	728
歯先円直径	d_a	80	360	128	744
歯底円直径	d_f	57.5	337.5	92	708
歯末のたけ	h_a	5		8	
全歯たけ	h	11.25		18	
歯幅	b	40		64	
中心距離	a	210		420	

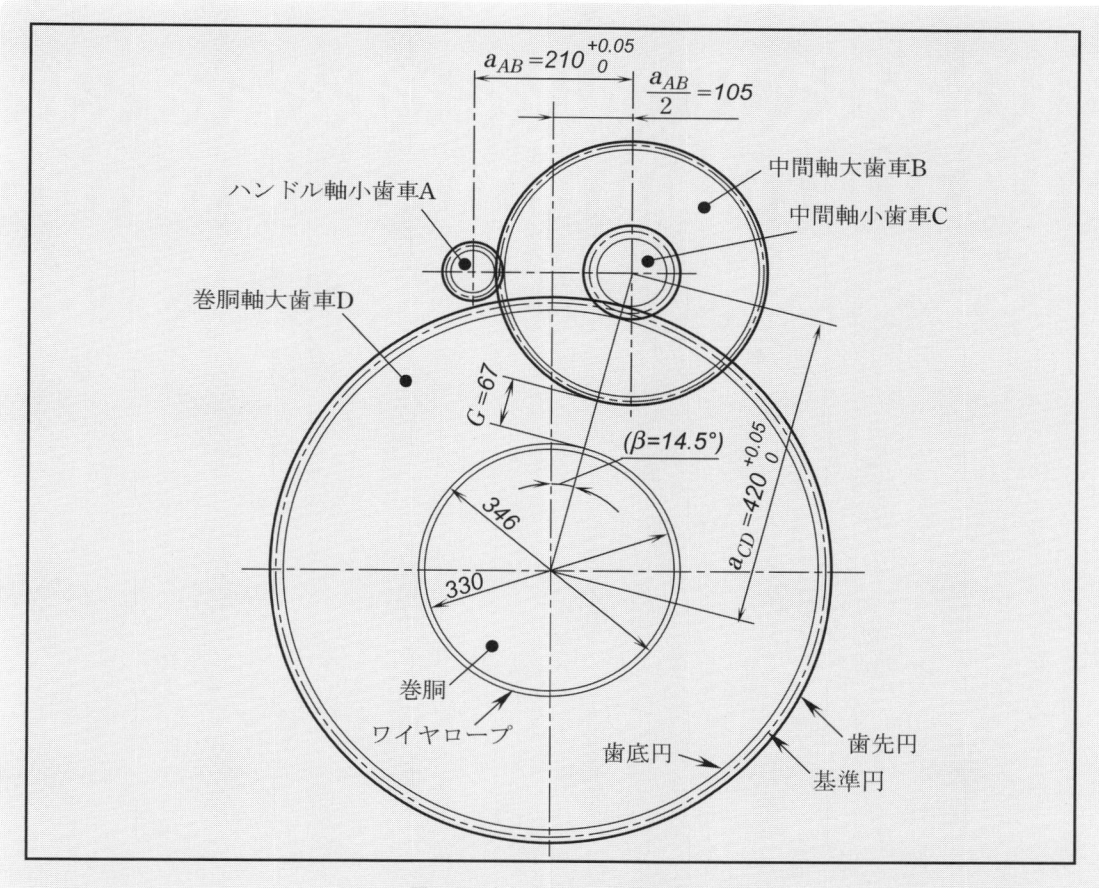

図4.7 歯車の位置と概略寸法

5章　ブレーキ装置

ブレーキ装置は摩擦により運動エネルギーを熱エネルギーに変換し，運転中の機械の速度を緩める装置である。手巻ウインチでは図5.1に示すバンドブレーキが使われる。つめ車の歯からつめを外すと荷物が降下する。このとき，ブレーキを働かせることにより降下速度を制御する。バンドブレーキは，ブレーキドラムに薄い鋼鉄製のバンドを巻き付け，バンドに張力を与えてブレーキドラムを押さえ付け，摩擦を働かせてブレーキをかける方式である。ブレーキ装置は中間軸か巻胴軸に設置する。

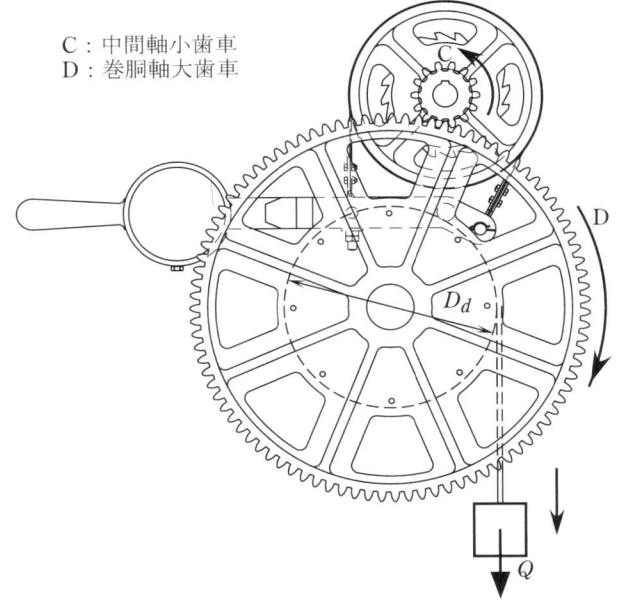

C：中間軸小歯車
D：巻胴軸大歯車

図5.2　降下時の歯車の回転

5.1　ブレーキドラム・バンドの設計

本設計ではブレーキ装置は中間軸に設置する。中間軸は巻胴軸に比べてトルクが小さいので，中間軸に設置すると必要なブレーキトルクが小さくなり，小型・軽量化が図れる。

（1）ブレーキすべき中間軸のトルク

図5.2に降下時の軸の回転方向を示す。荷物が降下することにより巻胴が回転し，巻胴軸に取り付けられた大歯車Dが回転する。その回転によって発生した動力は中間軸に取り付けられた小歯車Cに伝達され，中間軸に取り付けられたブレーキドラムが回転する。人力によりブレーキハンドルに力を与えることにより，バンドに張力が発生し，ブレーキドラムの回転を止める方向に摩擦力が働く。降下時の巻胴に働くトルク T_3' は

$$T_3' = \eta_3 Q \frac{D_d}{2} \tag{5.1}$$

となる。ここで η_3 は巻胴の機械効率，Q は巻上げ荷重，D_d は巻胴径である。降下時の中間軸に働くトルク T_2' は次式のようになる。

$$T_2' = \eta_2 T_3' \frac{Z_C}{Z_D} = \eta_2 \eta_3 \frac{Q D_d Z_C}{2 Z_D} \tag{5.2}$$

（2）ブレーキドラムの径

ブレーキドラムの径は取り付けスペースなどを考慮して決める。ブレーキドラムの径が小径であると制動に必要なブレーキハンドルにかける力が大となり，バンド張力も大となるため，ドラム径は大径の方がよい。図5.3

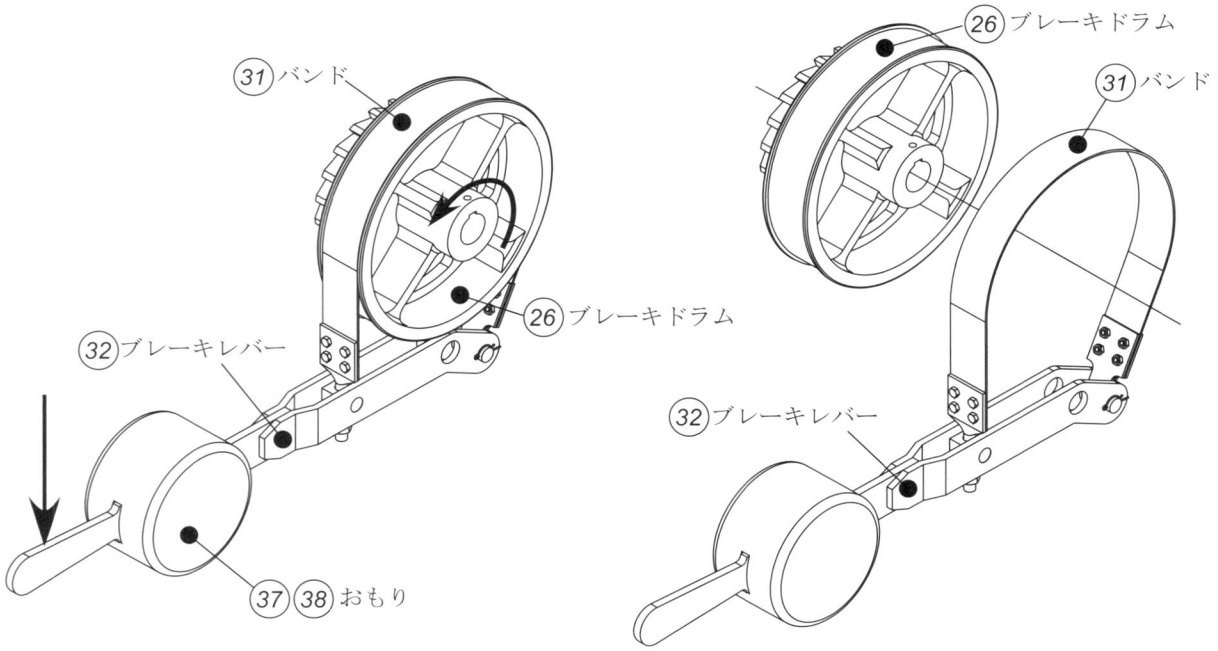

図5.1　ブレーキ装置

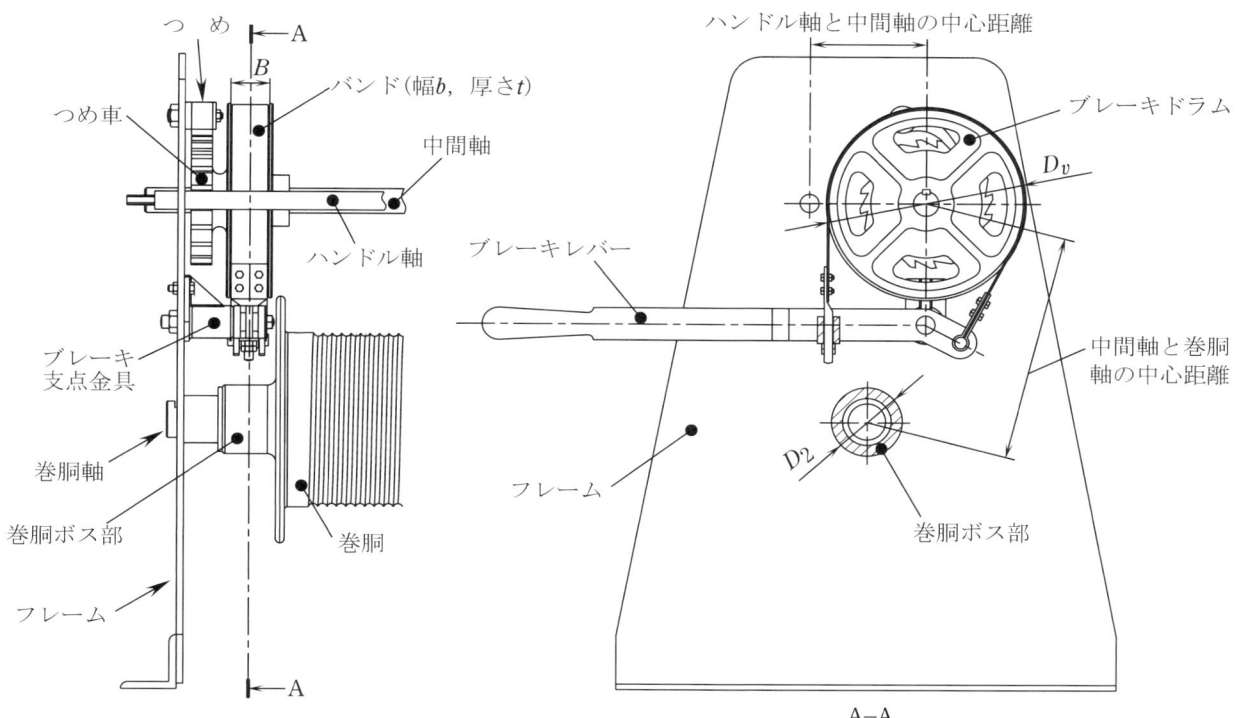

図5.3 ブレーキドラムの位置

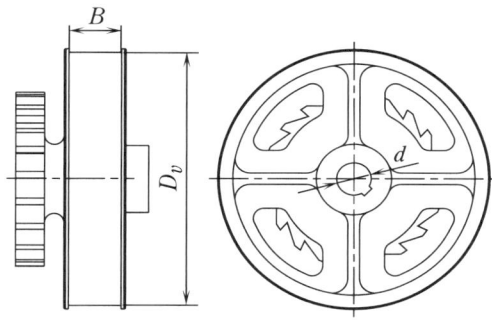

図5.4 ブレーキドラムの寸法記号

表5.1 ブレーキドラム・バンドの寸法例（参考値）
（単位 mm）

ブレーキドラム直径 D_v	$D_v = 200 \sim 500$
バンドの幅 b	$b \leqq 0.4 D_v$
ブレーキドラム幅 B	$B = b + (5 \sim 10)$
バンドの厚さ t	$t = 2 \sim 5$
ライニングの幅*	$35 \sim 100$
ライニングの厚さ*	$4 \sim 10$

*ライニング（バンドの裏張り）を施す場合のライニングの寸法

に示すように，巻胴ボス部とブレーキレバー，ブレーキレバーとブレーキドラム，ブレーキドラムとハンドル軸の間に十分すきまがあるように作図を行い，ブレーキドラムの径を決定する．図5.4にブレーキドラムの寸法記号を示す．ブレーキドラムの幅Bは表5.1を参考に決める．

（3）バンドの幅と厚さ

バンドは，帯鋼（SPHC），ばね鋼（SUP），鋼板（SS）の鋼製材料から選択する．その寸法は表5.1を参考に決める．バンドの幅bがブレーキドラムの直径D_vに対して大きすぎると，バンドが全幅にわたって接触せず，片当たりを起こし，ブレーキ性能が低下する．したがってバンドの幅bはブレーキドラムに対して大きすぎないように

$$b \leqq 0.4 D_v \tag{5.3}$$

になるようにする．摩擦係数を大きくするために，バンドに樹脂・織物・木片・皮などの裏張り（ライニング）をする場合があるが，本設計では裏張りはなしとする．また引張側の端は固定し，緩み側の端はバンドの長さが調整可能な設計を行う．

（4）ブレーキレバーに加える力

図5.5にバンドに働く力を示す．荷物の降下時はブレーキドラムは左回りに回転するのでバンドに左回りに摩擦力が働く．したがってバンドの右側は引張側，左側は緩み側になる．引張側の張力P_1，緩み側の張力をP_2とするとブレーキ力P_fは

$$P_f = P_1 - P_2 \tag{5.4}$$

ブレーキトルクT_{2b}は

$$T_{2b} = P_f \frac{D_v}{2} = (P_1 - P_2) \frac{D_v}{2} \tag{5.5}$$

ここでP_1とP_2との関係はバンドの微小面積$(D_v/2) d\phi \cdot b$に作用する半径方向の力のつりあいから

$$-(P + dP) \sin \frac{d\phi}{2} + dP_n - P \sin \frac{d\phi}{2} = 0$$

$$dP_n = P d\phi \tag{5.6}$$

周方向の力のつりあいから

$$-(P + dP) \cos \frac{d\phi}{2} + \mu dP_n + P \cos \frac{d\phi}{2} = 0$$

$$dP = \mu dP_n \tag{5.7}$$

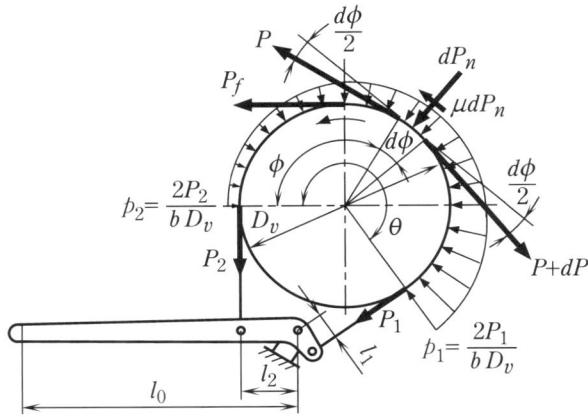

図5.5 バンドに働く力

表5.2 摩擦材料の摩擦係数と許容圧力

摩擦材料	摩擦係数 μ	許容圧力 N/mm²
帯鋼と鋳鉄	0.1~0.2	1.0
焼入れ鋼と焼入れ鋼	0.1	0.7~1.0
鋳鉄と鋳鉄	0.12~0.2	1.0~1.7
青銅と鋳鉄	0.1~0.2	0.4~0.8
木材と鋳鉄	0.2~0.35	0.3~0.5
コルクと鋳鉄	0.3~0.5	0.05~0.1
ファイバと鋳鉄	0.25~0.45	0.05~0.3
皮革と鋳鉄	0.3~0.55	0.05~0.3

〔日本機械学会編:機械工学便覧 B 編(応用編) B1 機械要素設計 トライボロジー,日本機械学会(1985)より〕

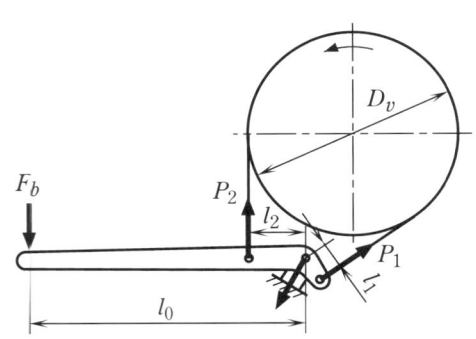

図5.6 ブレーキレバーに働く力

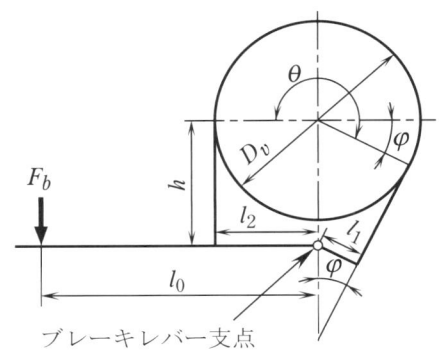

図5.7 ブレーキレバー支点の位置

式 (5.6) と式 (5.7) より

$$\frac{dP}{P} = \mu d\phi \tag{5.8}$$

を得る。接触角が 0 から θ に変化する間に,張力は P_2 から P_1 に増加するので

$$\int_{P_2}^{P_1} \frac{dP}{P} = \mu \int_0^\theta d\phi$$

$$\ln \frac{P_1}{P_2} = \mu\theta$$

$$\frac{P_1}{P_2} = e^{\mu\theta} \tag{5.9}$$

また,微小面積に作用する dP_n は圧力を p とすれば $dP_n = p \cdot (D_v/2)d\phi \cdot b$ である。これを式 (5.6) に代入すれば

$$p = \frac{2P}{bD_v} \tag{5.10}$$

以上の式から,圧力はバンドの張力に比例し,圧力分布は対数曲線となる。また,式 (5.4),(5.5),(5.9) より

$$P_1 = P_f \frac{e^{\mu\theta}}{e^{\mu\theta}-1} = \frac{2T_{2b}e^{\mu\theta}}{D_v(e^{\mu\theta}-1)} \tag{5.11}$$

$$P_2 = \frac{P_1}{e^{\mu\theta}} \tag{5.12}$$

図5.6にブレーキレバーに働く力を示す。ブレーキレバーに力 F を加えるとベルトの張力によりレバーに反力 P_1, P_2 が生じ,モーメント $P_1 l_1$ はモーメント $F_b l_0$ と同じ方向なので,ブレーキ力を助けることになる。支点に関する力のモーメントのつりあいから

$$F_b l_0 = P_2 l_2 - P_1 l_1$$

$$F_b = \frac{P_2 l_2 - P_1 l_1}{l_0} = \frac{2T_{2b}(l_2 - l_1 e^{\mu\theta})}{D_v l_0 (e^{\mu\theta}-1)} \tag{5.13}$$

となる。この式により,必要なブレーキトルク T_{2b} を与えるためのブレーキレバーに加える力 F_b が求められる。求められた F_b が表 4.2 に示したハンドルを引くときの人力の大きさ 196 [N] 以下であるように設計する。必要なブレーキトルクは降下時の中間軸に働くトルク以上でなければならない。そこで,ブレーキトルク T_{2b} は式 (5.2) より計算される降下時の中間軸に働くトルク T_2' の 150% として計算する。

$$T_{2b} = 1.5 T_2' \tag{5.14}$$

摩擦係数の例を**表5.2**に示す。

図5.7に示すように,ブレーキレバーの支点をブレーキドラムの鉛直下に位置するように設計すると,$l_2 = D_v/2$ となり,接触角 θ が計算しやすくなる。ブレーキレバーの l_1 の傾き角を φ とすると,図の関係から

$$\sin\varphi = \frac{\frac{D_v}{2} - l_1}{h} \tag{5.15}$$

であるから,接触角 θ は次式となる。

$$\theta = \sin^{-1}\left(\frac{\frac{D_v}{2} - l_1}{h}\right) + \pi \text{ [rad]} \tag{5.16}$$

(5) バンドの圧力

バンドがブレーキドラムに及ぼす最大圧力は,図5.5に示すように引張側で生じる。引張側の圧力 p_1 は,式 (5.10) の P に P_1 を代入しつぎの式により求められる。

$$p_1 = \frac{2P_1}{bD_v} \tag{5.17}$$

最大圧力 p_1 は,表 5.2 の許容ブレーキ圧力以下でなければならない。

課題の計算：5.1　ブレーキドラム・バンド

ブレーキ装置の構成は図5.1のようにする。

（1）ブレーキすべき中間軸のトルク

ブレーキすべき中間軸トルク T_2' は、表4.1より $\eta_2 = 0.95$、$\eta_3 = 0.94$ とすると、式(5.2)より

$$T_2' = 0.95 \times 0.94 \frac{24.5 \times 10^3 \times 330 \times 14}{2 \times 91}$$
$$= 5.55 \times 10^5 \,[\text{N·mm}]$$

（2）ブレーキドラムの径

ブレーキドラムはつめ車と一体構造で鋳造品とし、材料はFC200とする。図4.7の作図を参考にしてブレーキドラムの配置を**図5.8**のように作図する。巻胴ボス部径 D_2、ブレーキレバーの高さ h_1 は不明なので、ここでは $D_2 = 110\,[\text{mm}]$、$h_1 = 60\,[\text{mm}]$ と仮定して作図した。8章で D_2、10章で h_1 の寸法が確定した後に図5.8の修正を行う。巻胴ボス部とハンドル、ハンドルとブレーキドラムの間に十分すきまがあるようにする。作図からブレーキドラムの直径 D_v は

$$D_v = 350\,[\text{mm}]$$

とする。

（3）バンドの幅と厚さ

バンドの材料は、帯鋼（SPHC）とする。バンドの幅 b は式(5.3)より

$$b \leq 0.4 \times 350 = 140\,[\text{mm}] \rightarrow b = 65\,[\text{mm}]$$

とする。ブレーキドラムの幅 B は表5.1より

$$B = b + (5 \sim 10) = 70 \sim 75\,[\text{mm}] \rightarrow B = 70\,[\text{mm}]$$

とする。バンドの厚さ t は表5.1より

$$t = 3\,[\text{mm}]$$

とする。バンドの裏張り（ライニング）はなしとする。

（4）ブレーキレバーに加える力

ブレーキトルク T_{2b} は降下時の中間軸に働くトルク T_2' の150％として計算し

$$T_{2b} = 1.5 T_2' = 1.5 \times 5.55 \times 10^5$$
$$= 8.33 \times 10^5 \,[\text{N·mm}]$$

とする。ブレーキレバーの諸寸法は図5.8の作図より

$$l_0 = 700\,[\text{mm}]$$
$$l_1 = 70\,[\text{mm}]$$
$$l_2 = \frac{D_v}{2} = 175\,[\text{mm}]$$
$$h = 225\,[\text{mm}]$$

とする。表5.2より帯鋼と鋳鉄の摩擦係数は $\mu = 0.2$ とする。l_1 の傾き角 φ は、式(5.15)より

$$\varphi = \sin^{-1}\left(\frac{175 - 70}{225}\right) = 0.486\,[\text{rad}]\,(= 27.8\,[°])$$

接触角 θ は

$$\theta = 0.486 + \pi = 3.63\,[\text{rad}]\,(= 207.8\,[°])$$

となるから

$$e^{\mu\theta} = 2.066$$

式(5.13)より

$$F_b = \frac{2 \times 8.33 \times 10^5 \times (175 - 70 \times 2.066)}{350 \times 700 \times (2.066 - 1)}$$
$$= 194.1\,[\text{N}]$$

求められた F_b は、表4.2に示したハンドルを引くときの人力の大きさ196〔N〕より小さい。したがって、人力によりブレーキトルクを働かせることができるので、仮定したブレーキレバーの寸法でよいことがわかる。もし、求められた F_b が人力の大きさより大きい場合、l_1 の寸法を大きくして φ から計算をしなおし、F_b が人力の大きさより小さくなるようにする。

（5）バンドの圧力

引張側の張力 P_1 は、式(5.11)より

$$P_1 = \frac{2 \times 8.33 \times 10^5 \times 2.066}{350 \times (2.066 - 1)} = 9.23 \times 10^3\,[\text{N}]$$

引張側の圧力 p_1 は、式(5.17)より

$$p_1 = \frac{2 \times 9.23 \times 10^3}{65 \times 350} = 0.811\,[\text{N/mm}^2]$$

となり、求められた p_1 は、表5.2に示した帯鋼の許容圧力 $1.0\,[\text{N/mm}^2]$ より小さいので安全である。したがって仮定したバンドの寸法でよいことがわかる。

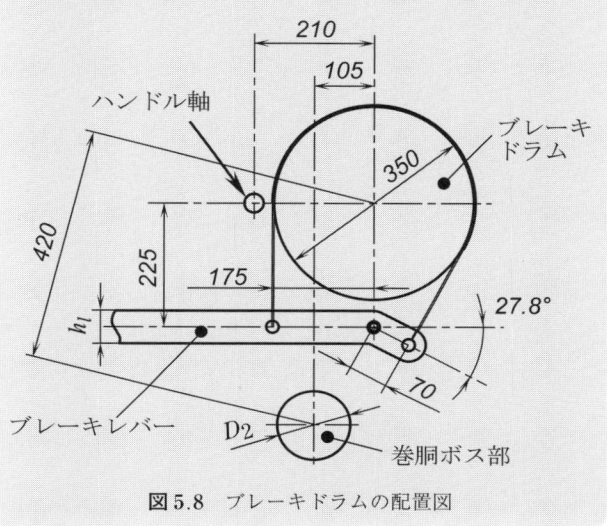

図5.8 ブレーキドラムの配置図

※（5）の圧力 p_1 が帯鋼の許容圧力より大きくなってしまう場合の対処方法

式(5.17)の p_1

$$p_1 = \frac{2P_1}{bD_v}$$

が表5.2の許容圧力より大きくなる場合はバンドの幅 b を大きくし、p_1 を計算し直す。b を大きくするとブレーキドラムの幅 B も大きくしなければならないので注意が必要である。ここで b が、式(5.3) $b \leq 0.4D_v$ を超えてしまう場合は、ブレーキドラムの直径 D_v を大きく変更する必要がある。D_v を大きくするとブレーキドラムが、図5.3のハンドル軸に干渉する恐れが出てくる。干渉する場合は、十分大きな D_v が取れるように4.1節の歯車の歯数 Z_A と Z_B をそれぞれ大きくし、ハンドル軸小歯車と中間軸大歯車の基準円直径を大きく変更し、4.1節からの計算をやり直す。

6章 つめ車とつめ

つめ車装置は，つめ，つめ車およびつめ軸などから構成される。重量物を巻き上げている力を取り去ったときに重量物の降下を防ぎ，巻き上げた高さに重量物を保つために使用する。同時に巻き上げ作業中に重量物が急降下するような逆転事故を防ぐ役割をする。図6.1につめ車とつめの設計例を示す。

6.1 つめ車

本設計では，つめ車はブレーキドラムと一体で鋳造製作する。つめ車は中間軸に取り付ける。中間軸は巻胴軸に比べてトルクが小さいので，巻胴軸に取り付ける場合に比べてつめに作用する力は小さく，つめ車装置が小型となる。図6.2に，つめ車と歯先の形状を示す。つめが受ける力が最小になるように，つめの軸中心がつめ車の接線上に位置するように設計する。

（1）つめ歯数

一般につめ車の歯数 z は 6～25 枚である。

（2）ピッチ

つめ車の歯の曲げ強さの計算によりピッチ p_c を求める。歯は歯先に作用する力により曲げ変形を受けると考えると，図6.2の s で示す歯元の断面において最大曲げモーメントを受け

$$曲げ応力 = \frac{曲げモーメント}{断面係数}$$

となる。歯先に作用する力を P，歯の高さを h，歯元の厚さを s，歯幅を b とすると表6.1から断面係数＝ $bs^2/6$ が与えられるので，曲げ応力 σ_b は以下のように与えられる。

$$\sigma_b = \frac{6hP}{bs^2} \tag{6.1}$$

つめ車に働くトルクを T，つめ車の外径を D，歯数を z，歯幅係数（＝歯幅／ピッチ）を $k=b/p$ とすると

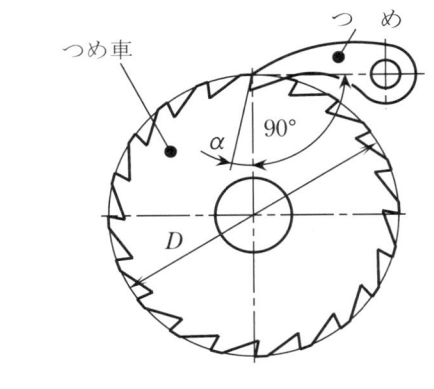

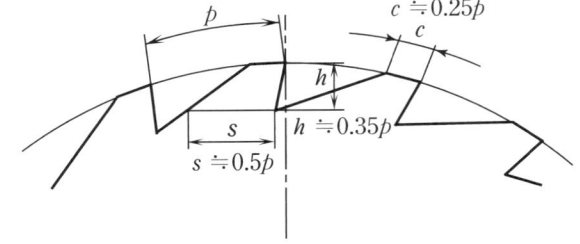

図6.2 つめ車の寸法

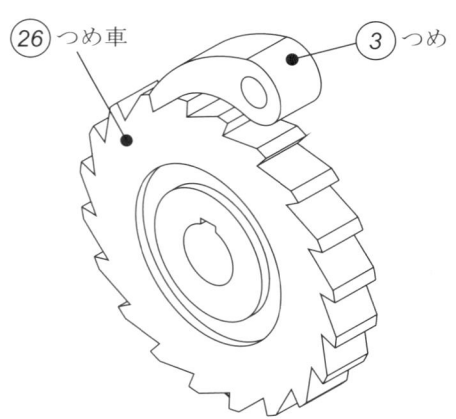

図6.1 つめ車とつめ

表6.1 断面係数

断 面	重心の距離 e	断面二次モーメント I	断面係数 $Z=\dfrac{I}{e}$
長方形（$b \times h$）	$\dfrac{h}{2}$	$\dfrac{bh^3}{12}$	$\dfrac{bh^2}{6}$
円（d）	$\dfrac{d}{2}$	$\dfrac{\pi d^4}{64}$	$\dfrac{\pi d^3}{32}$
I形	$\dfrac{H}{2}$	$\dfrac{BH^3+bh^3}{12}$	$\dfrac{BH^3+bh^3}{6H}$
L形	$\dfrac{H}{2}$	$\dfrac{BH^3+bh^3}{12}$	$\dfrac{BH^3+bh^3}{6H}$
中空	$\dfrac{h}{2}$	$\dfrac{b(h^3-d^3)}{6}$	$\dfrac{b(h^3-d^3)}{3h}$

注：表中の変数記号は表内でのみ使用されるものであり，本文中の変数記号と関連は持たない。

$$P = \frac{2T}{D} \tag{6.2}$$

$$D = \frac{zp}{\pi} \tag{6.3}$$

$$b = kp \tag{6.4}$$

また，一般的に

$$h = 0.35 p \tag{6.5}$$

$$s = 0.5 p \tag{6.6}$$

これらを，式(6.1)に代入すると

$$p = 3.75 \sqrt[3]{\frac{T}{kz\sigma_b}} \tag{6.7}$$

が得られる。σ_bに材料の許容曲げ応力を代入することによりピッチpが求められる。ここでつめ車の材料は，一般には強度的な面から鋳鋼，鍛鋼が用いられるが，ブレーキ装置ドラムと一体形にするので鋳鉄とする。鋳鉄の場合の歯幅係数kは0.5〜1.0である。

(3) モジュール

モジュールmはつぎの式より求められる。

$$m = \frac{D}{z} = \frac{p}{\pi} \tag{6.8}$$

一般的につめ車のモジュールは10〜18である。つめ車のモジュールは表4.3に示した歯車のモジュールのような細かな規定はないが，なるべく整数値にする。

(4) つめの入る角度の検討

歯の角度αは，一般には$\alpha = 12°〜18°$である。図6.3に示すように，つめが飛び出さないためには，つめが入ろうとする力Qがつめの摩擦力の垂直成分$\mu N\cos\alpha$よりも大きいことが条件である。

$$Q = P\tan\alpha \tag{6.9}$$

$$\mu N\cos\alpha = \mu \frac{P}{\cos\alpha}\cos\alpha = \mu P \tag{6.10}$$

であるから

$$P\tan\alpha \geq \mu P$$
$$\tan\alpha \geq \mu \tag{6.11}$$

を満たせばよい。

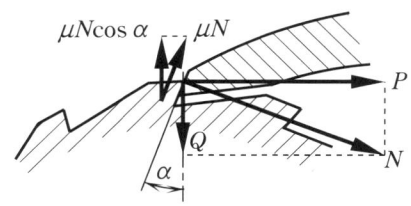

図6.3 つめの入る角度の検討

課題の計算：6.1 つめ車

つめ車の形状は図6.1のようにする。

(1) つめ歯数

つめの歯数$z = 20$〔枚〕と仮定する。

(2) ピッチ

つめ車の材料をFC200とする。表1.2の歯車に用いられる鋳鉄の許容繰り返し曲げ応力より

　　　許容曲げ応力$\sigma_b = 88$〔MPa〕

とする。つめ車に働くトルクTは5章の式(5.2)の降下時の中間軸に働くトルクT_2'から求められた値$T = T_2' = 5.55 \times 10^5$〔N・mm〕とする。また，歯幅係数$k = 1.0$とする。したがって，式(6.7)より

$$p \geq 3.75 \sqrt[3]{\frac{5.55 \times 10^5}{1.0 \times 20 \times 88}} = 25.5 \text{〔mm〕}$$

となるので，ピッチは25.5〔mm〕以上となる。

(3) モジュール

式(6.8)よりモジュールmは

$$m \geq \frac{25.5}{\pi} = 8.13 \text{〔mm〕} \rightarrow m = 12 \text{〔mm〕}$$

と仮定すると，ピッチpは

$$p = \pi m = \pi \times 12 = 37.7 \text{〔mm〕}$$

となり，(2)で計算された25.5〔mm〕より大きいので安全である。つめ車歯先円直径Dは

$$D = zm = 20 \times 12 = 240 \text{〔mm〕}$$

つめ車の歯の高さhは，式(6.5)より

$$h = 0.35 \times 37.7 \fallingdotseq 13.2 \text{〔mm〕}$$

歯幅bは，式(6.4)より

$$b = 37.7 \times 1.0 \fallingdotseq 38 \text{〔mm〕}$$

図6.2中の先端の厚さcは

$$c = 0.25 \times 37.7 \fallingdotseq 9.5 \text{〔mm〕}$$

とする。

(4) つめの入る角度の検討

つめの入る角度を$\alpha = 12°$として，摩擦係数$\mu = 0.2$とすると，式(6.11)より

$$\tan 12° = 0.213 \geq 0.2$$

となり，$\alpha = 12°$でよいことになる。

6.2 つめ軸

図6.4につめ軸とつめを示す。図6.5につめおよびつめ軸に作用する力を示す。つめ軸はフレームに取り付ける。

(1) つめ軸の直径

軸の変形について考える。軸に軸方向に垂直な方向の荷重が作用すると、軸の変形は図6.6(a)に示す「曲げ変形」と図6.6(b)に示す「せん断変形」の二つの場合が考えられる。「曲げ変形」は軸方向の伸びと縮みを伴うので、「変形前に軸に直交していた断面は曲げ変形後も変形した軸に直交する」ことを想定している。例えば、十分に細長い軸は曲げ剛性が、せん断剛性に比べて圧倒的に小さいので、せん断変形を無視して曲げ変形のみを考えればよい。これをベルヌーイ・オイラーの仮定という。逆に、軸が太くて短い場合、あるいは根元のごく近くで大きな荷重が作用する場合は、曲げ変形を無視してせん断変形のみを考えればよい。設計する軸の変形が、曲げ変形かせん断変形かわからない場合は、両者それぞれの場合の変形について考え、それぞれに耐えうる軸径を求め、大きい方を採用する。

まず、つめ軸の変形が曲げ変形であると考える。根元の断面において最大曲げモーメントが生じ

$$曲げ応力 = \frac{曲げモーメント}{断面係数} \tag{6.12}$$

となる。最大曲げモーメント M は分布荷重を w、つめの幅を l_1 とすると

$$M = \frac{1}{2} w l_1^2 = \frac{1}{2} P l_1 \tag{6.13}$$

となる。つめ軸の直径を d とすると表6.1から断面係数は $\pi d^3/32$ が与えられるので、曲げ応力 σ は以下のように与えられる。

$$\sigma = \frac{16 P l_1}{\pi d^3} \tag{6.14}$$

許容曲げ応力を σ_b とすると、軸径 d はつぎの式により求められる。

$$d \geq \sqrt[3]{\frac{16 P l_1}{\pi \sigma_b}} \tag{6.15}$$

つぎに、つめ軸の変形がせん断変形であると考える。つめ軸に生じるせん断応力 τ は

$$せん断応力 = \frac{せん断力}{断面積} \tag{6.16}$$

であるから

$$\tau = \frac{4P}{\pi d^2} \tag{6.17}$$

許容せん断応力を τ_a とすると軸径 d は、つぎの式により求められる。

$$d \geq \sqrt{\frac{4P}{\pi \tau_a}} \tag{6.18}$$

つめ軸の径の決定は、変形が不明なため、式(6.15)と式(6.18)よりそれぞれ軸径を求め、大きい方を採用する。

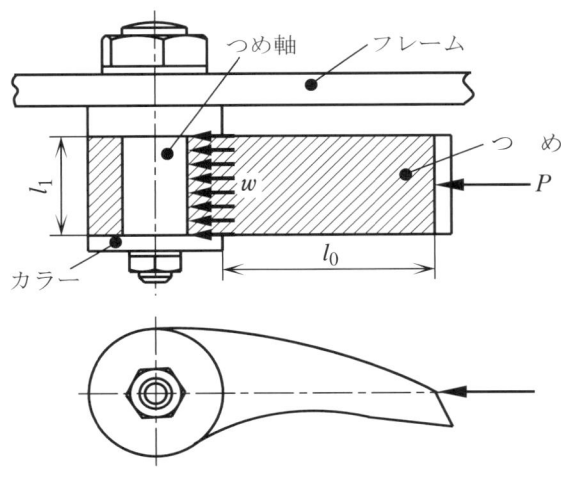

図6.5 つめ軸に作用する力

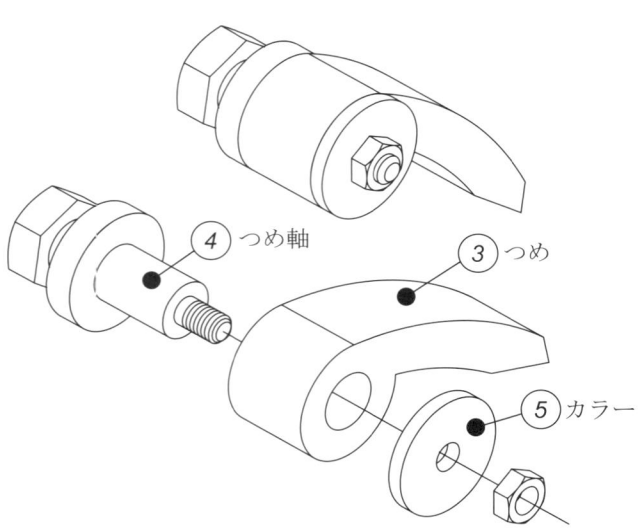

図6.4 つめ軸とつめ

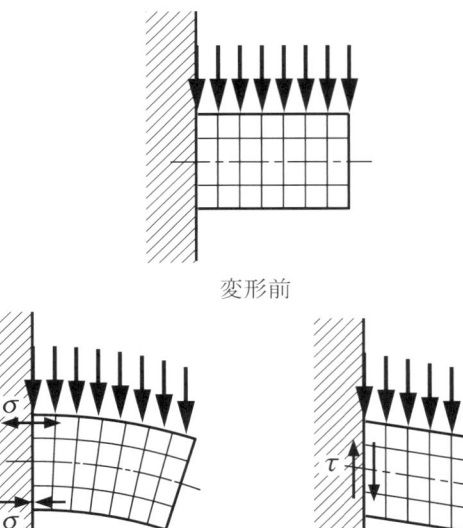

(a) 曲げ変形 (b) せん断変形

図6.6 軸の変形

課題の計算：6.2　つめ軸

つめ周辺部品の構成は図6.4のようにする。

（1）つめ軸の直径

つめに作用する力Pは，式(6.2)より
$$P = \frac{2 \times 5.55 \times 10^5}{240} = 4.63 \times 10^3 \text{ [N]}$$
である。

軸に用いられる材料の許容応力を表1.3および表1.4を参考に決める。つめ軸の材料はSGD290-Dとし，表1.3よりSGD290-Dの引張強さは340〔MPa〕となる。

まず，つめ軸が曲げ変形すると考える。表1.4より，材料の許容曲げ応力σ_bは引張強さの36％以下とされるから
$$\sigma_b = 0.36 \times 340 = 122 \text{ [MPa]}$$
となる。つめの幅l_1をつめ車の歯幅bと同じ$l_1 = 38$〔mm〕とすると軸径dは，式(6.15)より
$$d \geq \sqrt[3]{\frac{16 \times 4.63 \times 10^3 \times 38}{\pi \times 122}} = 19.4 \text{ [mm]}$$
となる。

つぎに，つめ軸がせん断変形すると考える。表1.4より，材料の許容せん断応力τ_aは引張強さの18％以下とされるから
$$\tau_a = 0.18 \times 340 = 61.2 \text{ [MPa]}$$
となる。軸径dは，式(6.18)より
$$d \geq \sqrt{\frac{4 \times 4.63 \times 10^3}{\pi \times 61.2}} = 9.81 \text{ [mm]}$$
となる。したがって，曲げ変形の式(6.15)より得られた値を採用し，つめ軸の直径dを
$$d \geq 19.4 \text{ [mm]} \to d = 24 \text{ [mm]}$$
とする。

6.3　つ　　め

つめは**図6.7**に示されるような形状とする。座屈強さの強度計算式を用いてつめの寸法を決定する。

（1）つめの寸法

ボス部の外径d_p，柱部の長さl_0，厚さの最小値b_1を仮決定する。ボス部の外径d_pはつめ軸の直径をdとすると一般につぎの経験式により求められる。
$$d_p = (1.8 \sim 2.0)d \tag{6.19}$$
厚さの最小値b_1はつめ車の歯の高さh以上にする。

（2）つめの強度計算

座屈強さは一般にオイラーの式またはランキンの実験公式が用いられる。ここでは，ランキンの実験公式によって，つめの強度計算を行う。
$$\sigma_{cr} = \frac{\sigma_a}{\left\{1 + \left(\dfrac{l_0}{k}\right)^2 \dfrac{a}{n}\right\}} \tag{6.20}$$
ここで，σ_{cr}は座屈強さ〔N/mm²〕，σ_aは圧縮強さ〔N/mm²〕，aは実験定数（**表6.2**参照），nはつめの柱部の両端の条件による定数（**表6.3**参照），kは最小断面二次半径であり

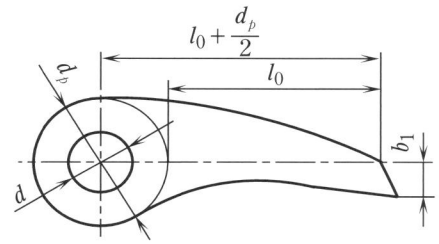

図6.7　つめの寸法

表6.2　ランキン公式の定数

定　数	鋳　鉄	軟　鋼	硬　鋼
σ_a〔N/mm²〕	550	330	480
a	$\dfrac{1}{1\,600}$	$\dfrac{1}{7\,500}$	$\dfrac{1}{5\,000}$
$\dfrac{l_0}{k}$の使用範囲	$< 80\sqrt{n}$	$< 90\sqrt{n}$	$< 85\sqrt{n}$

表6.3　ランキン公式のnの値

端末の条件	両端回転支持	一端固定支持，他端自由	一端固定支持，他端回転支持	両端固定支持
nの値	1	$\dfrac{1}{4}$	$2.046 \fallingdotseq 2$	4
長柱の模式図				

$$k = \sqrt{\frac{I}{A}} \quad (6.21)$$

I は断面二次モーメント〔mm⁴〕，A は断面積〔mm²〕である。つめの許容荷重 P_A は次式により計算される。

$$P_A = \frac{A\sigma_{cr}}{S} \geq P \quad (6.22)$$

ここで，S は表6.4に示す安全率である。許容荷重 P_A がつめに作用する荷重 P より大きいことを確認する。

表6.4 座屈強さの安全率

材　料	安全率 S
軟　鋼	5
鋳　鉄	8
木　材	10

〔機械設計研究会編：手巻きウインチの設計 第2版，理工学社（2001）より〕

課題の計算：6.3 つめ

つめ周辺部品の構成は図6.4のようにする。

（1）つめの寸法

ボス部の外径 d_b は，式（6.19）より

$$d_b = 2 \times 24 = 48 \text{〔mm〕} \rightarrow d_b = 50 \text{〔mm〕}$$

とする。柱部の長さ l_0 は図6.8に示すつめ車とつめの作図から決定し

$$l_0 = 85 \text{〔mm〕}$$

とする。最小厚さ b_1 はつめ車の歯の高さ $h = 13.2$〔mm〕であることから

$$b_1 = 13.2 \text{〔mm〕}$$

とする。

（2）つめの強度計算

つめの強度計算式（6.20）より，つめの中央部分について求める。

$$I = \frac{1}{12} l_1 b_1^3 = \frac{1}{12} \times 38 \times 13.2^3 = 7.28 \times 10^3 \text{〔mm}^4\text{〕}$$

$$A = l_1 b_1 = 38 \times 13.2 = 501.6 \text{〔mm}^2\text{〕}$$

最小断面二次半径は

$$k = \sqrt{\frac{7\,283}{501.6}} = 3.81 \text{〔mm〕}$$

$$\frac{l_0}{k} = \frac{85}{3.81} = 22.3$$

表6.3から，もっとも危険側の条件を考えて n の値は $1/4$ とする。つめの材料は SF390A とし，表6.2から軟鋼，$\sigma_a = 330$〔N/mm²〕，$a = 1/7\,500$ とすると

$$\sigma_{cr} = \frac{330}{\left(1 + 22.3^2 \times \dfrac{\dfrac{1}{7\,500}}{\dfrac{1}{4}}\right)} = 261 \text{〔MPa〕}$$

表6.4より，安全率 $S = 5$ とすると，式（6.22）より

$$P_A = \frac{A\sigma_{cr}}{S} = \frac{501.6 \times 261}{5} = 2.62 \times 10^4 \text{〔N〕}$$

つめに作用する力 P は6.2節（1）から $P = 4.63 \times 10^3$〔N〕であり，P は P_A より小さい。したがって，安全である。

図6.9 につめ軸とカラーの計画図を示す。

図6.10 に軸方向の配置寸法を示す。

図6.8，図6.9を参考にしながらつめ，つめ軸およびつめ軸カラーの計画図を方眼紙に書く。つめが十分なめらかに動くようにサイズ公差を決定する。つまり，つめの幅は寸法許容差をマイナス側にとり，つめ軸のつめがはまる位置の寸法許容差はプラス側にとる。つめの穴の径とつめ軸の径との関係は「すきまばめ」とし，つめの穴のサイズ公差は「H7」とし，つめ軸の径のサイズ公差は「g6」とする。

つめ車の寸法が決定したので，各装置の軸方向の配置寸法を図6.10のように決定する。図6.10のフレームの板厚は12〔mm〕と仮定した。フレームとつめ車，中間軸大歯車と巻胴軸大歯車，巻胴軸大歯車とフレームが擦り合わないようにそれぞれすきまを設ける。すきまの寸法は各自がそれぞれ決める。次章の軸の設計の準備として，各軸に作用する荷重の位置を求めておく。本設計で

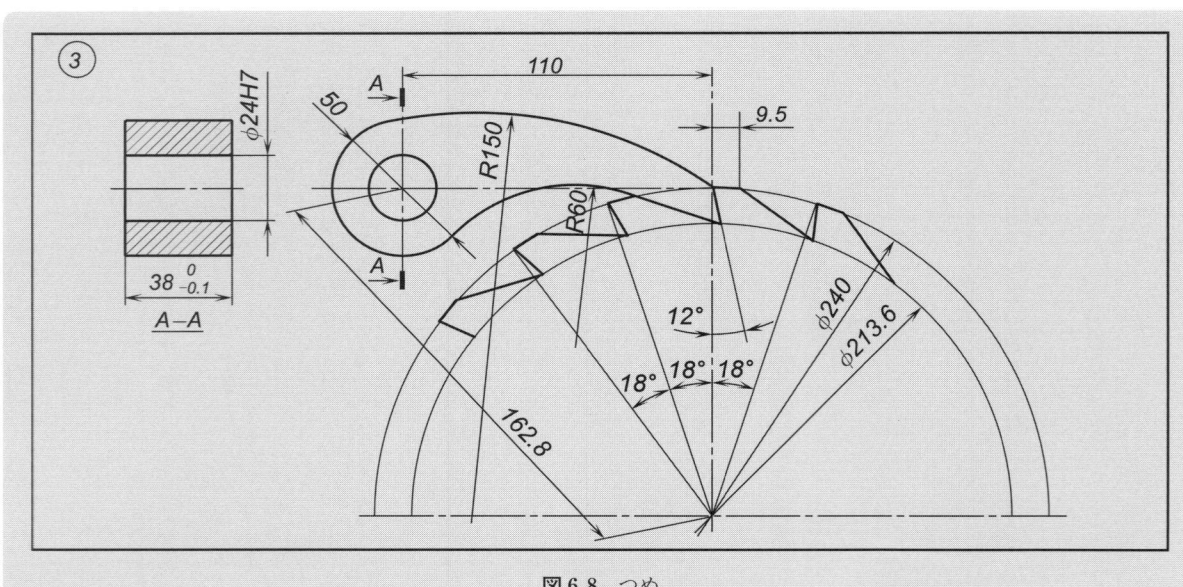

図6.8 つめ

は，巻胴軸は回転しないものとし，巻胴軸と巻胴，巻胴軸と巻胴軸大歯車の間にはすべり軸受のブシュを入れる。巻胴に作用する荷重は，ブシュの中心位置に作用するとして，その位置を求め記入する。ここでは各軸の径は求められていないので，適当に仮定した径で図を作成する。

穴のサイズ公差が「H7」の場合の穴基準のサイズ公差域の相互関係，およびはめあいに関する数値を**表6.5**および**表6.6**に示す。

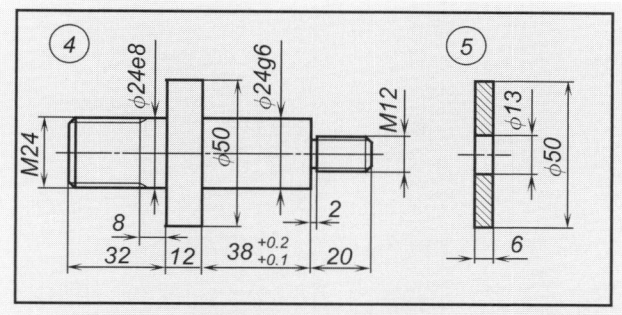

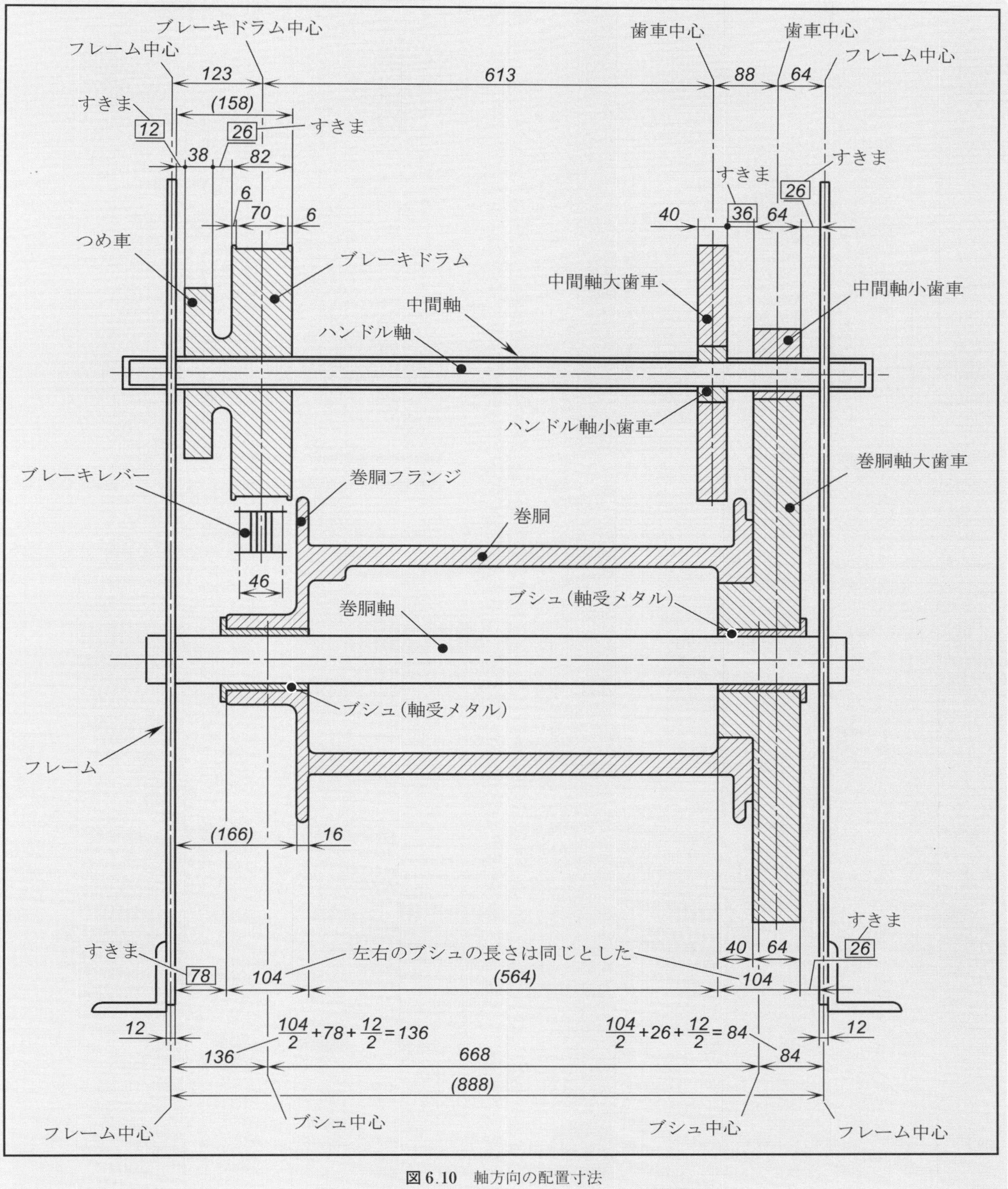

図6.9 つめ軸とカラー

図6.10 軸方向の配置寸法

表 6.5 クラス H の穴基準のはめあい

基準穴の公差域クラス	H														
はめあい	すきまばめ				中間ばめ				しまりばめ						
軸の公差域クラス	e	f	g	h	js	k	m	n	p	r	s	t	u	x
許容差	←すきま大												しめしろ大 →	

表 6.6 穴基準のはめあいの穴と軸の寸法許容差

軸の公差域クラス（単位 μm）

基準寸法の区分 (単位 mm)		穴の公差域クラス (単位 μm)					軸の公差域クラス (単位 μm)																								
をこえ	以下	H6	H7	H8	H9	H10	d8	d9	e7	e8	e9	f6	f7	f8	g5	g6	h6	h7	h8	h9	h10	js5	js6	js7	js9	j5	j6	j7	k5	k6	m5	m6	n6	n9	p6	p6
−	3	+6 / 0	+10 / 0	+14 / 0	+25 / 0	+40 / 0	−20 / −34	−20 / −45	−14 / −24	−14 / −28	−14 / −39	−6 / −12	−6 / −16	−6 / −20	−2 / −6	−2 / −8	0 / −6	0 / −10	0 / −14	0 / −25	0 / −40	±2	±3	±5	±12.5	+2 / −2	+4 / −2	+6 / −4	+4 / 0	+6 / 0	+6 / +2	+8 / +2	+10 / +4	+29 / +4	+12 / +6	+12 / +6
3	6	+8 / 0	+12 / 0	+18 / 0	+30 / 0	+48 / 0	−30 / −48	−30 / −60	−20 / −32	−20 / −38	−20 / −50	−10 / −18	−10 / −22	−10 / −28	−4 / −9	−4 / −12	0 / −8	0 / −12	0 / −18	0 / −30	0 / −48	±2.5	±4	±6	±15	+3 / −2	+6 / −2	+8 / −4	+6 / +1	+9 / +1	+9 / +4	+12 / +4	+16 / +8	+38 / +8	+20 / +12	+20 / +12
6	10	+9 / 0	+15 / 0	+22 / 0	+36 / 0	+58 / 0	−40 / −62	−40 / −76	−25 / −40	−25 / −47	−25 / −61	−13 / −22	−13 / −28	−13 / −35	−5 / −11	−5 / −14	0 / −9	0 / −15	0 / −22	0 / −36	0 / −58	±3	±4.5	±7	±18	+4 / −2	+7 / −2	+10 / −5	+7 / +1	+10 / +1	+12 / +6	+15 / +6	+19 / +10	+46 / +10	+24 / +15	+24 / +15
10	18	+11 / 0	+18 / 0	+27 / 0	+43 / 0	+70 / 0	−50 / −77	−50 / −93	−32 / −50	−32 / −59	−32 / −75	−16 / −27	−16 / −34	−16 / −43	−6 / −14	−6 / −17	0 / −11	0 / −18	0 / −27	0 / −43	0 / −70	±4	±5.5	±9	±21.5	+5 / −3	+8 / −3	+12 / −6	+9 / +1	+12 / +1	+15 / +7	+18 / +7	+23 / +12	+55 / +12	+29 / +18	+29 / +18
18	30	+13 / 0	+21 / 0	+33 / 0	+52 / 0	+84 / 0	−65 / −98	−65 / −117	−40 / −61	−40 / −73	−40 / −92	−20 / −33	−20 / −41	−20 / −53	−7 / −16	−7 / −20	0 / −13	0 / −21	0 / −33	0 / −52	0 / −84	±4.5	±6.5	±10	±26	+5 / −4	+9 / −4	+13 / −8	+11 / +2	+15 / +2	+17 / +8	+21 / +8	+28 / +15	+67 / +15	+35 / +22	+35 / +22
30	50	+16 / 0	+25 / 0	+39 / 0	+62 / 0	+100 / 0	−80 / −119	−80 / −142	−50 / −75	−50 / −89	−50 / −112	−25 / −41	−25 / −50	−25 / −64	−9 / −20	−9 / −25	0 / −16	0 / −25	0 / −39	0 / −62	0 / −100	±5.5	±8	±12	±31	+6 / −5	+11 / −5	+15 / −10	+13 / +2	+18 / +2	+20 / +9	+25 / +9	+33 / +17	+79 / +17	+42 / +26	+42 / +26
50	80	+19 / 0	+30 / 0	+46 / 0	+74 / 0	+120 / 0	−100 / −146	−100 / −174	−60 / −90	−60 / −106	−60 / −134	−30 / −49	−30 / −60	−30 / −76	−10 / −23	−10 / −29	0 / −19	0 / −30	0 / −46	0 / −74	0 / −120	±6.5	±9.5	±15	±37	+6 / −7	+12 / −7	+18 / −12	+15 / +2	+21 / +2	+24 / +11	+30 / +11	+39 / +20		+51 / +32	+51 / +32
80	120	+22 / 0	+35 / 0	+54 / 0	+87 / 0	+140 / 0	−120 / −174	−120 / −207	−72 / −107	−72 / −126	−72 / −159	−36 / −58	−36 / −71	−36 / −90	−12 / −27	−12 / −34	0 / −22	0 / −35	0 / −54	0 / −87	0 / −140	±7.5	±11	±17	±43.5	+6 / −9	+13 / −9	+20 / −15	+18 / +3	+25 / +3	+28 / +13	+35 / +13	+45 / +23		+59 / +37	+59 / +37
120	180	+25 / 0	+40 / 0	+63 / 0	+100 / 0	+160 / 0	−145 / −208	−145 / −245	−85 / −125	−85 / −148	−85 / −185	−43 / −68	−43 / −83	−43 / −106	−14 / −32	−14 / −39	0 / −25	0 / −40	0 / −63	0 / −100	0 / −160	±9	±12.5	±20	±50	+7 / −11	+14 / −11	+22 / −18	+21 / +3	+28 / +3	+33 / +15	+40 / +15	+52 / +27		+68 / +43	+68 / +43
180	250	+29 / 0	+46 / 0	+72 / 0	+115 / 0	+185 / 0	−170 / −242	−170 / −285	−100 / −146	−100 / −172	−100 / −215	−50 / −79	−50 / −96	−50 / −122	−15 / −35	−15 / −44	0 / −29	0 / −46	0 / −72	0 / −115	0 / −185	±10	±14.5	±23	±57.5	+7 / −13	+16 / −13	+25 / −21	+24 / +4	+33 / +4	+37 / +17	+46 / +17	+60 / +31		+79 / +50	+79 / +50
250	315	+32 / 0	+52 / 0	+81 / 0	+130 / 0	+210 / 0	−190 / −271	−190 / −320	−110 / −162	−110 / −191	−110 / −240	−56 / −88	−56 / −108	−56 / −137	−17 / −40	−17 / −49	0 / −32	0 / −52	0 / −81	0 / −130	0 / −210	±11.5	±16	±26	±65	+7 / −16	+16 / −16	+26 / −26	+27 / +4	+36 / +4	+43 / +20	+52 / +20	+66 / +34		+88 / +56	+88 / +56
315	400	+36 / 0	+57 / 0	+89 / 0	+140 / 0	+230 / 0	−210 / −299	−210 / −350	−125 / −182	−125 / −214	−125 / −265	−62 / −98	−62 / −119	−62 / −151	−18 / −43	−18 / −54	0 / −36	0 / −57	0 / −89	0 / −140	0 / −230	±12.5	±18	±28	±70	+7 / −18	+18 / −18	+29 / −28	+29 / +4	+40 / +4	+46 / +21	+57 / +21	+73 / +37		+98 / +62	+98 / +62

注：表中の上の数値は"上の寸法許容差"，下の数値は"下の寸法許容差"を示す。

7章 軸　　径

　本設計における手巻ウインチは2段減速としているので、ハンドル軸、中間軸、巻胴軸の三つの軸が存在する。機構上からハンドル軸と中間軸は曲げとねじりを考慮して設計し、巻胴軸では曲げのみを受ける軸として軸径を求める。また、使用材料が延性材料である鋼材とすることから、最大せん断応力説を用いて軸径を求める。ただし、荷物の巻き上げ動作時と降下（ブレーキ動作）時の二つの状態について、軸に作用する荷重を考えなければならない。軸、歯車、巻胴、ワイヤロープの自重による重力を考慮に入れる必要があるが、それらは作用する力に比べて小さいのでここでは無視する。

7.1 ハンドル軸

　降下（ブレーキ動作）時はハンドル軸にトルクおよび荷重は作用しないので、巻き上げ時のトルクおよび荷重について考えればよい。図7.1に巻き上げ時のハンドル軸に作用するトルクと力の模式図を示す

（1）ハンドル軸に作用するトルク・荷重および軸径

　巻き上げ時にハンドル軸には、人力のトルクによってねじりが生じる。同時にハンドル軸小歯車と中間軸大歯車のかみ合い力によって曲げが生じる。したがって、軸の表面には、ねじりによりせん断応力 τ が生じ、曲げにより曲げ応力 σ が生じる。このときの最大せん断応力 τ_{max} は次式により求まる。

$$\tau_{max} = \sqrt{\frac{\sigma^2}{4} + \tau^2} \tag{7.1}$$

軸は中実材とし、外径を d とすると、せん断応力 τ とトルク T との関係は

$$\tau = \frac{16T}{\pi d^3} \tag{7.2}$$

曲げ応力 σ と曲げモーメント M との関係は

$$\sigma = \frac{32M}{\pi d^3} \tag{7.3}$$

であるから、外径 d は

$$d = \sqrt[3]{\frac{16}{\pi \tau_{max}} \sqrt{M^2 + T^2}} \tag{7.4}$$

により求められる。

　トルク T について考える。図7.1において人力の作用力を F、クランクハンドルの長さを L とすると、ハンドル軸のAC間に作用するトルク T_A およびCB間に作用するトルク T_B は

$$\begin{matrix} T_A = T_B = FL & （2人用の場合） \\ T_A = 0, \ T_B = FL & （1人用の場合） \end{matrix} \tag{7.5}$$

であるからハンドル軸小歯車の伝達トルクは

$$\begin{matrix} T_1 = T_A + T_B = 2FL & （2人用の場合） \\ T_1 = T_A + T_B = FL & （1人用の場合） \end{matrix} \tag{7.6}$$

と式（4.2）と同じになる。式（7.5）より2人用と1人用のいずれの場合もハンドル軸に作用するトルクは $T_B = FL$ であるから式（7.4）の T に T_B を代入すればよい。

　曲げモーメント M について考える。ハンドル軸に作用する力は、図7.1に示すようにハンドル軸小歯車に作用する力 P である。力 P は図のように歯車の接線方向から小歯車の圧力角 20° だけ傾いており、接線方向分力 P_V および半径方向分力 P_H に分けることができる。すなわち

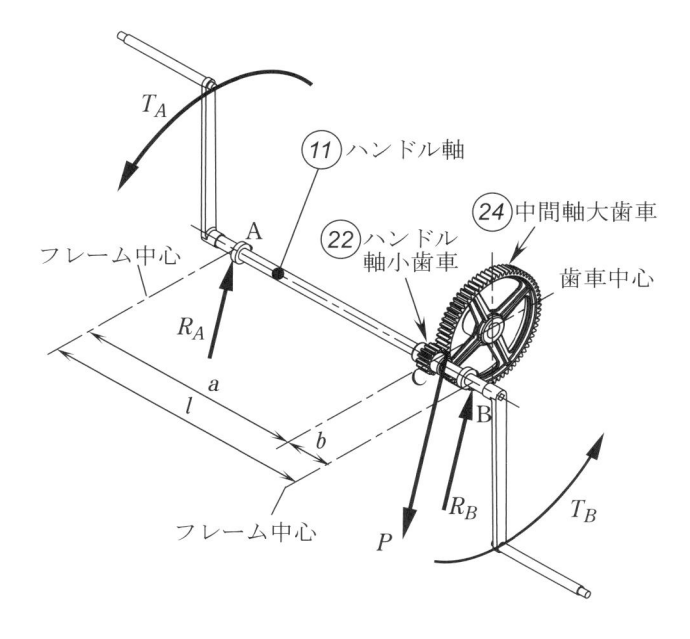

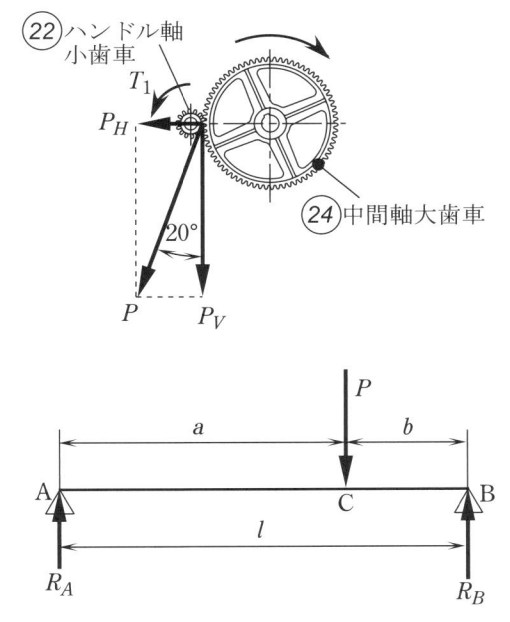

図7.1　巻き上げ時のハンドル軸に作用するトルクと力

$$P_V = P\cos 20° = \frac{2T_1}{D_A} \tag{7.7}$$

となる。ここで D_A はハンドル軸小歯車の基準円直径である。したがって

$$P = \frac{2T_1}{D_A \cos 20°} \tag{7.8}$$

支点反力 R_A は

$$R_A = \frac{Pb}{l} \tag{7.9}$$

となるから，最大曲げモーメントは歯車のかみ合い位置で発生し

$$M_{\max} = R_A a = \frac{Pab}{l} \tag{7.10}$$

となり，式 (7.4) の M に $M_{\max}$ を代入すればよい。

許容せん断応力について考える。式 (7.4) 中の最大せん断応力 $\tau_{\max}$ には表1.4に示される材料の許容せん断応力 τ_a を代入すればよい。すなわち $\tau_a =$ 材料の引張強さの18 %とする。材料の引張強さは表1.3を参考にする。ここで，ハンドル軸と小歯車は図7.2に示されるようにキーとキー溝によって連結されるため，キー溝の影響も考慮に入れる必要がある。軸にキー溝を加工すると溝底の角付近に応力集中を生じて軸の強度が減少する。したがって，キー溝がある場合の許容せん断応力は，材料の許容せん断応力 τ_a より小さく定める。ここでは，キー溝の寸法がまだ決定していないので，表1.4の「キー溝あり」の項に従って

キー溝がある場合の許容せん断応力
$$= \tau_a \times 0.75 \tag{7.11}$$

とする。

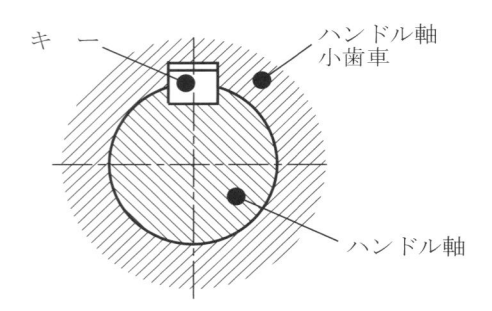

図7.2 キー溝の影響

以上のことから式 (7.4) を書き直すと次式のようになる。

$$d \geq \sqrt[3]{\frac{16}{\pi \tau_a} \sqrt{M_{\max}^2 + T_B^2}} \tag{7.12}$$

課題の計算：7.1　ハンドル軸

ハンドル軸周辺部品の構成は図7.1のようにする。

（1）軸に作用する荷重・トルクおよび軸径

作図した図6.10に基づき図7.1の $l = 888$ [mm]，$a = 736$ [mm]，$b = 152$ [mm] とする。4.1節(1)より $F = 147$ [N]，$L = 500$ [mm] であるから，巻き上げ時のハンドル軸に働くトルク T_B は，式 (7.5) より

$$T_B = 147 \times 500 = 7.35 \times 10^4 \text{ [N·mm]}$$

である。ハンドル軸小歯車の基準円直径は表4・5より $D_A = 70$ [mm]，伝達トルク $T_1 = 1.47 \times 10^5$ [N·mm] であるので，小歯車に作用する力 P は，式 (7.8) より

$$P = \frac{2 \times 1.47 \times 10^5}{70 \times \cos 20°} = 4.47 \times 10^3 \text{ [N]}$$

最大曲げモーメント $M_{\max}$ は歯車のかみ合い位置で発生し，式 (7.10) より

$$M_{\max} = \frac{4.47 \times 10^3 \times 736 \times 152}{888}$$
$$= 5.63 \times 10^5 \text{ [N·mm]}$$

となる。

材料をS50Cとする。表1.3よりS50C-Dの引張強さは696 [MPa] となる。材料の許容せん断応力 τ_a は表1.4より，引張強さの18 %とされる。また，キー溝がある場合，さらに $\gamma = 0.75$ を乗じるので

許容せん断応力 $\tau_a = 0.75 \times 0.18 \times 696$
$$= 94.0 \text{ [MPa]}$$

となる。

よって軸径 d は，式 (7.12) より

$$d \geq \sqrt[3]{\frac{16}{\pi \times 94.0} \sqrt{(5.63 \times 10^5)^2 + (7.35 \times 10^4)^2}}$$
$$= 31.3 \text{ [mm]} \rightarrow d = 34 \text{ [mm]}$$

したがってハンドル軸の軸径は34 [mm] とする。

7.2 中間軸

中間軸には，中間軸大歯車と中間軸小歯車およびブレーキドラム・つめ車が取り付けられる。したがって，中間軸の軸径については，巻き上げ時とブレーキ作動時のそれぞれの状態について軸の強度を計算し決定しなければならない。しかし，式(5.14)で述べたように，ブレーキ作動時に働くトルク T_{2b} は降下時に働くトルク T_2' の1.5倍とし，かなり大きいトルクが働くものと仮定するので，ブレーキ作動時の状態のみについて軸の強度を計算すれば十分である。したがって，ブレーキ動作時の状態のトルクと曲げモーメントを計算し，最大せん断応力説により軸径を決める。図7.3に降下（ブレーキ動作）時の中間軸に作用するトルクと力の模式図を示す。

（1）ブレーキ作動時の中間軸に作用するトルク・荷重

ブレーキ作動時には，巻胴軸大歯車から中間軸小歯車に動力が伝達され，そのトルクはブレーキドラムに働く摩擦トルクとつりあう。中間軸は小歯車設置位置からブレーキドラム設置位置の間でねじりが生じる。同時に小歯車のかみ合い力とブレーキドラムに作用する力によって曲げが生じる。したがって，最大せん断応力説により，式(7.4)から軸径を決める。

トルク T について考える。ブレーキ作動時に中間軸に作用するトルクは，式(5.14)により求められているブレーキトルク T_{2b} となる。したがって，式(7.4)の T に T_{2b} を代入すればよい。

曲げモーメント M について考える。ブレーキ作動時の中間軸に作用する力は，図7.3に示すようにブレーキドラムに作用する力 P_1，P_2 と中間軸小歯車に作用する力 P_D である。それらの力は図のように方向が異なるので，垂直方向分力と水平方向分力に分けて考える。ブレーキドラムに作用する力の垂直方向分力 P_{CV} は

$$P_{CV} = P_{1V} + P_2 = P_1 \cos\varphi + P_2 \tag{7.13}$$

となる。ここで P_1，P_2，φ はそれぞれ式(5.11)，(5.12)，(5.15)より求められるものである。ブレーキドラムに作用する力の水平方向分力 P_{CH} は

$$P_{CH} = P_{1H} = P_1 \sin\varphi \tag{7.14}$$

となる。一方，中間軸小歯車に作用する力 P_D は

$$P_D = \frac{2T_{2b}}{D_C \cos 20°} \tag{7.15}$$

ここで D_C は中間軸小歯車の基準円直径である。よって P_D の垂直方向分力 P_{DV} は

$$P_{DV} = \frac{2T_{2b} \sin(20° - \beta)}{D_C \cos 20°} \tag{7.16}$$

ここで β は，図4.7中に示した中間軸中心と巻胴軸中心を結んだ線の傾き角である。P_D の水平方向分力 P_{DH} は

$$P_{DH} = \frac{2T_{2b} \cos(20° - \beta)}{D_C \cos 20°} \tag{7.17}$$

となる。垂直方向分力について，支点反力 R_A，R_B の垂直方向分力 R_{AV}，R_{BV} は

$$R_{AV} = \frac{P_{CV}(b+c) - P_{DV}c}{l} \tag{7.18}$$

$$R_{BV} = \frac{P_{CV}a - P_{DV}(a+b)}{l} \tag{7.19}$$

C点，D点の位置の垂直方向に関する曲げモーメント M_{CV}，M_{DV} は

$$M_{CV} = R_{AV} a \tag{7.20}$$

$$M_{DV} = R_{BV} c \tag{7.21}$$

となる。水平方向分力について，支点反力 R_A，R_B の水

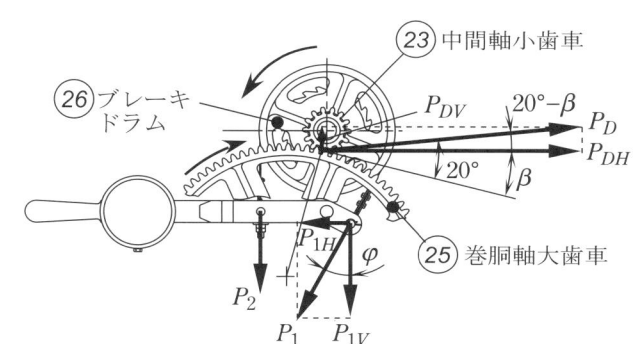

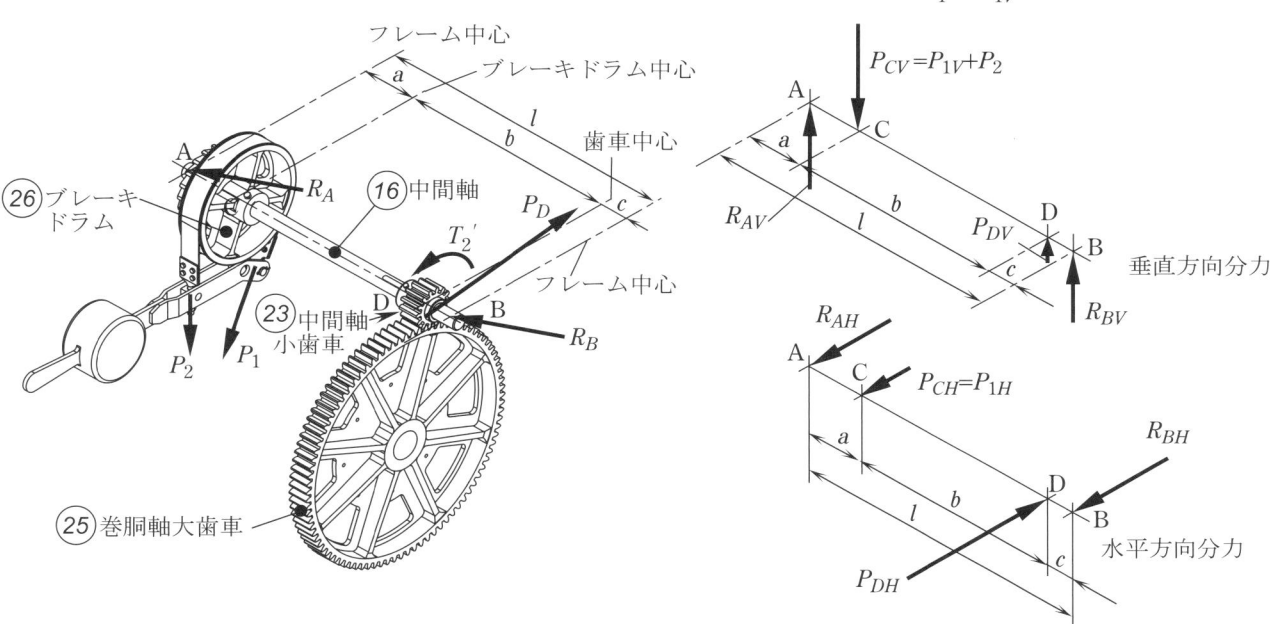

図7.3 降下（ブレーキ動作）時の中間軸に作用するトルクと力

平方向分力 R_{AH}, R_{BH} は

$$R_{AH} = \frac{-P_{CH}(b+c)+P_{DH}c}{l} \quad (7.22)$$

$$R_{BH} = \frac{-P_{CH}a+P_{DH}(a+b)}{l} \quad (7.23)$$

C点, D点の位置の水平方向に関する曲げモーメント M_{CH}, M_{DH} は

$$M_{CH} = R_{AH}a \quad (7.24)$$
$$M_{DH} = R_{BH}c \quad (7.25)$$

となる。垂直方向と水平方向の曲げモーメントを合成する。C点, D点の位置の合成曲げモーメント M_C, M_D は

$$M_C = \sqrt{M_{CV}^2 + M_{CH}^2} \quad (7.26)$$

$$M_D = \sqrt{M_{DV}^2 + M_{DH}^2} \quad (7.27)$$

となり, 大きい方が最大曲げモーメント M_{max} となる。

許容せん断応力 τ_a は表1.4に示されるように材料の引張強さの18%とする。材料の引張強さは, 表1.3を参考にする。また表1.4の「キー溝あり」の項に従って0.75を乗じた値にする。

以上のことから式外径 d は次式により求められる。

$$d \geq \sqrt[3]{\frac{16}{\pi\tau_a}\sqrt{M_{max}^2 + T_{2b}^2}} \quad (7.28)$$

課題の計算:7.2 中間軸

中間軸周辺部品の構成は図7.3のようにする。

(1) ブレーキ作動時の中間軸に作用するトルク・荷重

作図した図6.10に基づき図7.3の $l=888$ [mm], $a=123$ [mm], $b=701$ [mm], $c=64$ [mm] とする。中間軸に作用するトルクは, 式(5.14)により求められているブレーキトルク T_{2b} であり

$$T_{2b} = 8.33 \times 10^5 \text{ [N·mm]}$$

となる。

曲げモーメントについて計算を行う。ブレーキドラムに作用する力 P_1, P_2 と角度 φ はそれぞれ式(5.11), (5.12), (5.15)より求められ

$$P_1 = \frac{2 \times 8.33 \times 10^5 \times 2.066}{350 \times (2.066-1)} = 9.23 \times 10^3 \text{ [N]}$$

$$P_2 = \frac{9.23 \times 10^3}{2.066} = 4.47 \times 10^3 \text{ [N]}$$

$$\varphi = \sin^{-1}\left(\frac{175-70}{225}\right) = 0.486 \text{ [rad] } (=27.8\text{ [°]})$$

ブレーキドラムに作用する力の垂直方向分力 P_{CV} は, 式(7.13)より

$$P_{CV} = 9.23 \times 10^3 \times \cos 27.8° + 4.47 \times 10^3$$
$$= 1.26 \times 10^4 \text{ [N]}$$

水平方向分力 P_{CH} は, 式(7.14)より

$$P_{CH} = 9.23 \times 10^3 \times \sin 27.8° = 4.31 \times 10^3 \text{ [N]}$$

中間軸小歯車の基準円直径は表4.5より $D_C=112$ [mm], 中間軸中心と巻胴軸中心を結んだ線の傾き角 β は図4.7から $\beta=14.5$ [°] であるから, 中間軸小歯車に作用する力 P_D の垂直方向分力 P_{DV} は, 式(7.16)より

$$P_{DV} = \frac{2 \times 8.33 \times 10^5 \times \sin(20°-14.5°)}{112 \times \cos 20°}$$
$$= 1.52 \times 10^3 \text{ [N]}$$

P_D の水平方向分力 P_{DH} は, 式(7.17)より

$$P_{DH} = \frac{2 \times 8.33 \times 10^5 \times \cos(20°-14.5°)}{112 \times \cos 20°}$$
$$= 1.58 \times 10^4 \text{ [N]}$$

垂直方向分力について, 支点反力 R_A, R_B の垂直方向分力 R_{AV}, R_{BV} は式(7.18), (7.19)より

$$R_{AV} = \frac{1.26 \times 10^4 \times (701+64) - 1.52 \times 10^3 \times 64}{888}$$
$$= 1.08 \times 10^4 \text{ [N]}$$

$$R_{BV} = \frac{1.26 \times 10^4 \times 123 - 1.52 \times 10^3 \times (123+701)}{888}$$
$$= 3.36 \times 10^2 \text{ [N]}$$

C点, D点の位置の垂直方向に関する曲げモーメント M_{CV}, M_{DV} は, 式(7.20), (7.21)より

$$M_{CV} = 1.08 \times 10^4 \times 123 = 1.32 \times 10^6 \text{ [N·mm]}$$
$$M_{DV} = 3.36 \times 10^2 \times 64 = 2.15 \times 10^4 \text{ [N·mm]}$$

となる。

水平方向分力について, 支点反力 R_A, R_B の水平方向分力 R_{AH}, R_{BH} は式(7.22), (7.23)より

$$R_{AH} = \frac{-4.31 \times 10^3 \times (701+64) + 1.58 \times 10^4 \times 64}{888}$$
$$= -2.57 \times 10^3 \text{ [N]}$$

$$R_{BH} = \frac{-4.31 \times 10^3 \times 123 + 1.58 \times 10^4 \times (123+701)}{888}$$
$$= 1.40 \times 10^4 \text{ [N]}$$

C点, D点の位置の水平方向に関する曲げモーメント M_{CH}, M_{DH} は, 式(7.24), (7.25)より

$$M_{CH} = -2.57 \times 10^3 \times 123 = -3.17 \times 10^5 \text{ [N·mm]}$$
$$M_{DH} = 1.40 \times 10^4 \times 64 = 8.98 \times 10^5 \text{ [N·mm]}$$

となる。

C点, D点の位置の合成曲げモーメント M_C, M_D は, 式(7.26), (7.27)より

$$M_C = \sqrt{(1.32 \times 10^6)^2 + (-3.17 \times 10^5)^2}$$
$$= 1.36 \times 10^6 \text{ [N·mm]}$$

$$M_D = \sqrt{(2.15 \times 10^4)^2 + (8.98 \times 10^5)^2}$$
$$= 8.98 \times 10^5 \text{ [N·mm]}$$

よって最大曲げモーメントは, 式(7.26)より

$$M_{max} = 1.36 \times 10^6 \text{ [N·mm]}$$

となる。

材料をS50C-Dとする。7.1節と同様に

許容せん断応力 $\tau_a = 0.75 \times 0.18 \times 696 = 94.0$ [MPa]

とする。

よって軸径は d は, 式(7.28)より

$$d \geq \sqrt[3]{\frac{16}{\pi \times 94.0}\sqrt{(1.36 \times 10^6)^2 + (8.33 \times 10^5)^2}}$$
$$= 44.2 \text{ [mm]} \rightarrow d = 46 \text{ [mm]}$$

となる。したがって中間軸の軸径は46 [mm] とする。

※中間軸小歯車の許容伝達力についての検討

4.1節の(1)において中間軸小歯車と巻胴軸大歯車のモジュールと歯幅は,「巻き上げ時」のトルクを基準に決定したが, それよりも大きい「ブレーキ作動時」のトルクを基準に決定するべきであった。そこで

ブレーキ作動時の中間軸小歯車に作用する伝達力が，許容値より小さいかどうか検証する．中間軸小歯車の許容伝達力 P_{2a} は，式 (4.15) より

$$P_{2a} = 1.33 \times 10^4 \, [\text{N}]$$

である．ブレーキ作動時の中間軸小歯車に作用する伝達力は，式 (5.14) の T_{2b} より

$$P_{DT} = \frac{2 T_{2b}}{D_C} = \frac{2 \times 8.33 \times 10^5}{112} = 1.49 \times 10^4 \, [\text{N}]$$

となり，P_{DT} は許容伝達力 P_{2a} よりも大きい．したがって歯車のモジュールや歯幅を大きくする，あるいは歯車の材料を強度の高い材料に変更する必要がある．モジュールを大きくすると巻胴軸大歯車の基準円直径が大きくなり，手巻きウインチ全体が大型になり小型化を目指す設計思想に反する．したがって，中間軸小歯車の材質を鋳鉄 FC200 から鋳鋼 SC410 に変更する．SC410 の許容繰り返し曲げ応力は，表 1.2 から $\sigma_b = 117 \, [\text{MPa}]$ であるから，許容伝達力 P_{2a} は，式 (4.15) より

$$P_{2a} = 117 \times 64 \times 8 \times \frac{1}{3.22 \times 1.05} = 1.77 \times 10^4 \, [\text{N}]$$

となり，伝達力 P_{DT} よりも大きくなる．

以上のことから，中間軸小歯車の材質を鋳鉄 FC200 から鋳鋼 SC410 に変更する．

<参考>
(2) 巻き上げ時の中間軸に作用するトルク・荷重

中間軸の強度はブレーキ作動時の状態のみについて計算すれば十分であるが，参考までに巻き上げ時のトルクと曲げモーメントから軸径を計算し，検証する．図 7.4 に巻き上げ時の中間軸に作用するトルクと力の模式図を示す．

巻き上げ時にはハンドル軸小歯車から中間軸大歯車に動力が伝達され，中間軸小歯車から巻胴軸大歯車に動力が伝達される．中間軸は大歯車設置位置から小歯車設置位置の間でねじりが生じる．同時に各歯車のかみ合い力によって曲げが生じる．

トルク T について考える．巻き上げ時に中間軸に作用するトルクは，効率を考慮し，式 (4.3) により求められている T_2 となる．したがって式 (7.4) の T に T_2 を代入すればよい．

曲げモーメント M について考える．巻き上げ時の中間軸に作用する力は，図 7.4 に示すように中間軸大歯車に作用する力 P_C と中間軸小歯車に作用する力 P_D である．それらの力は図のように方向が異なるので，垂直方向分力と水平方向分力に分けて考える．中間軸大歯車に作用する力 P_C の接線（垂直）方向分力 P_{CV} は中間軸に作用するトルク／中間軸大歯車半径であるから

$$P_{CV} = \frac{2 T_2}{D_B} \tag{7.29}$$

となる．ここで D_B は中間軸大歯車の基準円直径である．力 P_C は図のように歯車の接線方向から中間軸大歯車の圧力角 20° だけ傾くので

$$P_C = \frac{2 T_2}{D_B \cos 20°} \tag{7.30}$$

半径（水平）方向分力 P_{CH} は

$$P_{CH} = P_{CV} \tan 20° \tag{7.31}$$

となる．一方，中間軸小歯車に作用する力 P_D は

$$P_D = \frac{2 T_2}{D_C \cos 20°} \tag{7.32}$$

ここで D_C は中間軸小歯車の基準円直径である．よって P_D の垂直方向分力 P_{DV} は

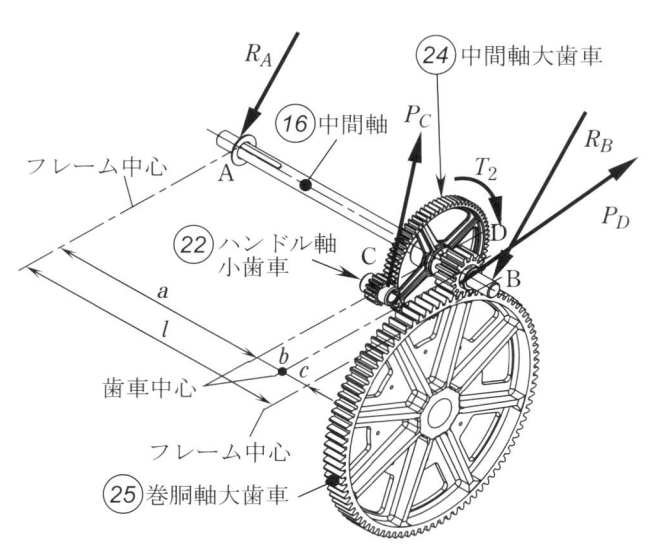

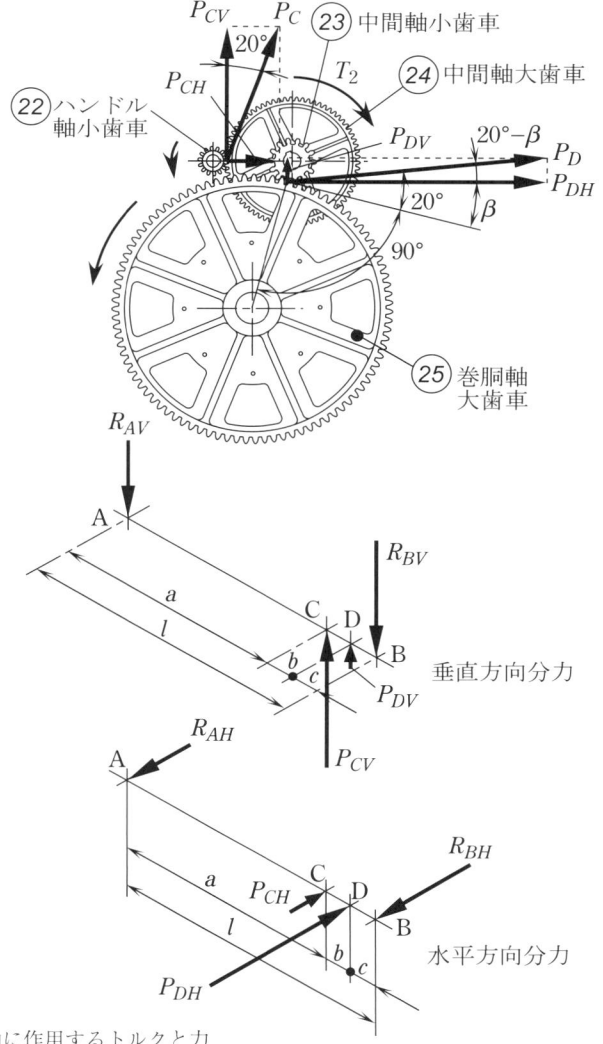

図 7.4 巻き上げ時の中間軸に作用するトルクと力

$$P_{DV} = \frac{2T_2 \sin(20° - \beta)}{D_C \cos 20°} \quad (7.33)$$

ここで β は，図 4.7 中に示した中間軸中心と巻胴軸中心を結んだ線の傾き角である。P_D の水平方向分力 P_{DH} は

$$P_{DH} = \frac{2T_2 \cos(20° - \beta)}{D_C \cos 20°} \quad (7.34)$$

となる。垂直方向分力について，支点反力 R_A, R_B の垂直方向分力 R_{AV}, R_{BV} は

$$R_{AV} = \frac{P_{CV}(b+c) + P_{DV}c}{l} \quad (7.35)$$

$$R_{BV} = \frac{P_{CV}a + P_{DV}(a+b)}{l} \quad (7.36)$$

C 点，D 点の位置の垂直方向に関する曲げモーメント M_{CV}, M_{DV} は

$$M_{CV} = R_{AV}a \quad (7.37)$$
$$M_{DV} = R_{BV}c \quad (7.38)$$

となる。水平方向分力について，支点反力 R_A, R_B の水平方向分力 R_{AH}, R_{BH} は

$$R_{AH} = \frac{P_{CH}(b+c) + P_{DH}c}{l} \quad (7.39)$$

$$R_{BH} = \frac{P_{CH}a + P_{DH}(a+b)}{l} \quad (7.40)$$

C 点，D 点の位置の水平方向に関する曲げモーメント M_{CH}, M_{DH} は

$$M_{CH} = R_{AH}a \quad (7.41)$$
$$M_{DH} = R_{BH}c \quad (7.42)$$

となる。垂直方向と水平方向の曲げモーメントを合成する。C 点，D 点の位置の合成曲げモーメント M_C, M_D は

$$M_C = \sqrt{M_{CV}^2 + M_{CH}^2} \quad (7.43)$$
$$M_D = \sqrt{M_{DV}^2 + M_{DH}^2} \quad (7.44)$$

となり，大きい方が最大曲げモーメント M_{max} となる。

許容せん断応力 τ_a は表 1.4 に示されるように材料の引張強さの 18 % とする。材料の引張強さは表 1.3 を参考にする。また表 1.4 の「キー溝あり」の項に従って 0.75 を乗じた値にする。

以上のことから式外径 d は次式により求められる。

$$d \geq \sqrt[3]{\frac{16}{\pi \tau_a} \sqrt{M_{max}^2 + T_2^2}} \quad (7.45)$$

＜参考＞課題の計算：中間軸

中間軸周辺部品の構成は図 7.4 のようにする。

（2）巻き上げ時の中間軸に作用するトルク・荷重

作図した図 6.10 に基づき図 7.4 の $l = 888$ [mm], $a = 736$ [mm], $b = 88$ [mm], $c = 64$ [mm] とする。中間軸に作用するトルク T_2 は，式 (4.3) により

$$T_2 = 6.98 \times 10^5 \text{[N·mm]}$$

曲げモーメントについて計算を行う。中間軸大歯車の基準円直径は，表 4.5 より $D_B = 350$ [mm] であるので，中間軸大歯車に作用する力 P_C の接線（垂直）方向分力 P_{CV} は，式 (7.29) より

$$P_{CV} = \frac{2 \times 6.98 \times 10^5}{350} = 3.99 \times 10^3 \text{[N]}$$

P_C の半径（水平）方向分力 P_{CH} は，式 (7.31) から

$$P_{CH} = 3.99 \times 10^3 \times \tan 20° = 1.45 \times 10^3 \text{[N]}$$

中間軸小歯車の基準円直径は，表 4.5 から $D_C = 112$ [mm]，中間軸中心と巻胴軸中心を結んだ線の傾き角 β は図 4.7 から $\beta = 14.5$ [°] であるから，中間軸小歯車に作用する力 P_D の垂直方向分力 P_{DV} は，式 (7.33) より

$$P_{DV} = \frac{2 \times 6.98 \times 10^5 \times \sin(20° - 14.5)}{112 \times \cos 20°}$$
$$= 1.28 \times 10^3 \text{[N]}$$

P_D の水平方向分力 P_{DH} は，式 (7.34) より

$$P_{DH} = \frac{2 \times 6.98 \times 10^5 \times \cos(20° - 14.5)}{112 \times \cos 20°}$$
$$= 1.32 \times 10^4 \text{[N]}$$

垂直方向分力について，支点反力 R_A, R_B の垂直方向分力 R_{AV}, R_{BV} は，式 (7.35), (7.36) より

$$R_{AV} = \frac{3.99 \times 10^3 \times (88 + 64) + 1.28 \times 10^3 \times 64}{888}$$
$$= 7.75 \times 10^2 \text{[N]}$$

$$R_{BV} = \frac{3.99 \times 10^3 \times 736 + 1.28 \times 10^3 \times (736 + 88)}{888}$$
$$= 4.49 \times 10^3 \text{[N]}$$

C 点，D 点の位置の垂直方向に関する曲げモーメント M_{CV}, M_{DV} は，式 (7.37), (7.38) より

$$M_{CV} = 7.75 \times 10^2 \times 736 = 5.70 \times 10^5 \text{[N·mm]}$$
$$M_{DV} = 4.49 \times 10^3 \times 64 = 2.87 \times 10^5 \text{[N·mm]}$$

水平方向分力について，支点反力 R_A, R_B の水平方向分力 R_{AH}, R_{BH} は，式 (7.39), (7.40) より

$$R_{AH} = \frac{1.45 \times 10^3 \times (88 + 64) + 1.32 \times 10^4 \times 64}{888}$$
$$= 1.20 \times 10^3 \text{[N]}$$

$$R_{BH} = \frac{1.45 \times 10^3 \times 736 + 1.32 \times 10^4 \times (736 + 88)}{888}$$
$$= 1.35 \times 10^4 \text{[N]}$$

C 点，D 点の位置の水平方向に関する曲げモーメント M_{CH}, M_{DH} は，式 (7.41), (7.42) より

$$M_{CH} = 1.20 \times 10^3 \times 736 = 8.84 \times 10^5 \text{[N·mm]}$$
$$M_{DH} = 1.35 \times 10^4 \times 64 = 8.61 \times 10^5 \text{[N·mm]}$$

となる。

垂直方向，水平方向ともに $M_{CV} > M_{DV}$, $M_{CH} > M_{DH}$ となるから最大曲げモーメントは，式 (7.43) より

$$M_{max} = M_C = \sqrt{(5.70 \times 10^5)^2 + (8.84 \times 10^5)^2}$$
$$= 1.05 \times 10^6 \text{[N·mm]}$$

となる。

材料を S50C-D とする。7.1 節と同様に許容せん断応力 $\tau_a = 0.75 \times 0.18 \times 696$
$$= 94.0 \text{[MPa]}$$

とする。

よって軸径は d は，式 (7.45) より

$$d \geq \sqrt[3]{\frac{16}{\pi \times 94.0} \sqrt{(1.05 \times 10^6)^2 + (6.98 \times 10^5)^2}}$$
$$= 40.9 \text{[mm]}$$

となる。この値は，式 (7.28) で求められた $d = 44.2$ [mm] より小さい。したがって，巻き上げ時の状態から見積もられた軸径は，ブレーキ動作時から見積もられた軸径よりも小さくなることが証明された。

7.3 巻胴軸

巻胴軸には，巻胴と巻胴軸大歯車が取り付けられる。巻胴軸は止め板でフレームに固定され，回転しない軸とする。そして巻胴は大歯車とボルトとナットにより連結され，巻胴軸と巻胴ならびに巻胴軸と大歯車の間にすべり軸受（ブシュ）を設ける構造とする。巻胴軸にはねじりが生じないので，巻胴軸はワイヤロープの引張力と歯車のかみ合い力による曲げ変形のみが作用する。**図7.5**に巻胴に作用する力を示す。図に示すように，ワイヤロープの位置がC点の位置に近い場合とD点の位置に近い場合とで，引張力が巻同軸の曲げに及ぼす影響が異なる。また，ワイヤロープを水平に引き出す場合と垂直に引き出す場合でも影響が異なる。ワイヤロープはD点に近づくほど，ワイヤロープの引張力と歯車のかみ合い力が重なるためD点の曲げモーメントは大きくなる。また，ワイヤロープを水平に引き出す場合，図のP_{DH}とP_{DH}'が打ち消し合うのでD点の曲げモーメントは小さくなる。よってワイヤロープがD点の位置にあり，垂直方向に引き出す場合が最も巻胴軸に作用する曲げモーメントが大きくなるので，この場合について考える。また，ブレーキ作動時は巻胴に働く静止時の1.5倍のトルクが働くものと考えるので，ブレーキ作動時の巻胴の伝達トルクは巻き上げ時の伝達トルクよりも大きい。したがって，巻胴軸の軸径は，ブレーキ作動時に作用する力について計算を行い決定する。

（1） ブレーキ作動時の巻胴軸に作用する荷重

ブレーキ作動時，中間軸小歯車と巻胴軸大歯車のかみ合い力P_DとD点の位置にあるワイヤロープの引張力P_{DV}'が巻胴軸に作用する。降下時の巻胴に働くトルクT_3'は，式(5.1)により求められており，ブレーキ動作時に巻胴に働くトルクT_{3b}はT_3'の150%とする。

$$T_{3b} = 1.5 T_3' \tag{7.46}$$

巻胴軸大歯車に作用する力P_Dは

$$P_D = \frac{2T_{3b}}{D_D \cos 20°} \tag{7.47}$$

ここでD_Dは巻胴軸大歯車の基準円直径である。よってP_Dの垂直方向分力P_{DV}は次式となる。

$$P_{DV} = \frac{2T_{3b} \sin(20° - \beta)}{D_D \cos 20°} \tag{7.48}$$

ここでβは，図4.7中に示した中間軸中心と巻胴軸中心を結んだ線の傾き角である。P_Dの水平方向分力P_{DH}は

$$P_{DH} = \frac{2T_{3b} \cos(20° - \beta)}{D_D \cos 20°} \tag{7.49}$$

となる。ワイヤロープの引張力P_{DV}'は，巻胴径をD_dとすると

$$P_{DV}' = \frac{2T_{3b}}{D_d} \tag{7.50}$$

であり，点Dの位置の垂直方向に作用するものとする。

荷重は点Dの位置にしか作用しないので，合力をPとすると

$$P = \sqrt{(P_{DV} + P_{DV}')^2 + P_{DH}^2} \tag{7.51}$$

支点反力R_Aは

$$R_A = \frac{Pc}{l} \tag{7.52}$$

となるから，最大曲げモーメントは点Dの位置で発生し

$$M_{\max} = R_A(a+b) = \frac{Pc(a+b)}{l} \tag{7.53}$$

となる。式(7.3)に示した曲げ応力と曲げモーメントとの関係から軸径dは

$$d \geq \sqrt[3]{\frac{32 M_{\max}}{\pi \sigma_b}} \tag{7.54}$$

により求められる。ここでσ_bは表1.4に示される曲げ荷重のみが働く場合の許容曲げ応力を用いる。すなわちσ_b＝材料の引張強さの36%とする。材料の引張強さは，表1.3を参考にする。巻胴軸にキー溝はない。

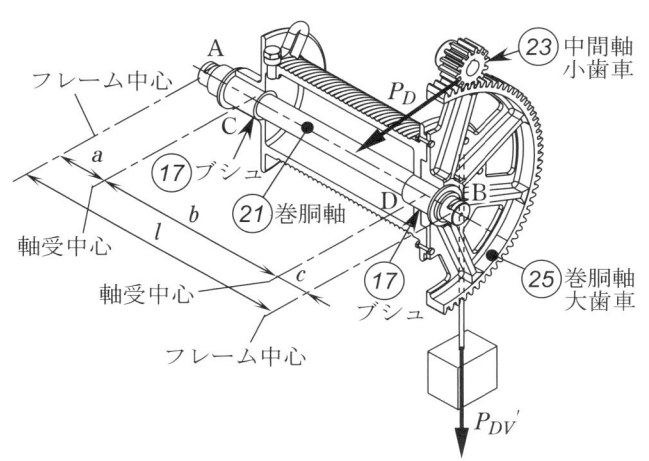

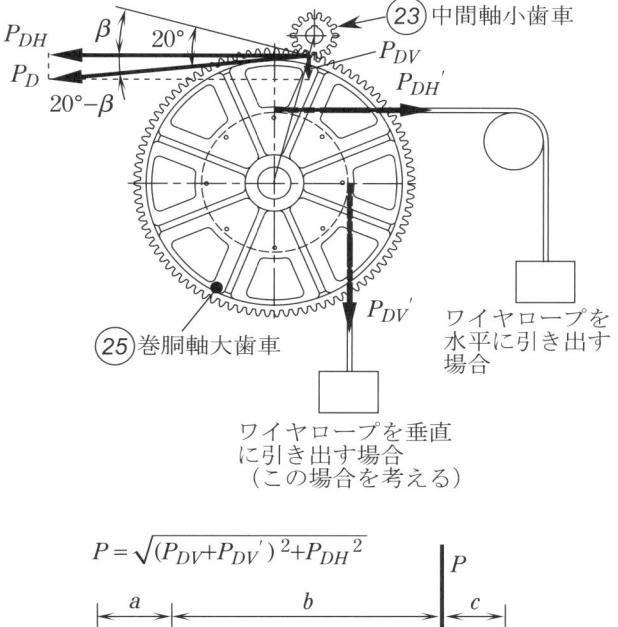

図7.5 降下（ブレーキ動作）時の巻胴軸に作用する力

課題の計算：7.3　巻胴軸

巻胴軸周辺部品は図7.5のようにする。

（1）降下（ブレーキ動作）時の巻胴軸に作用する荷重

作図した図6.10に基づき図7.5の$l=888$〔mm〕，$a=136$〔mm〕，$b=668$〔mm〕，$c=84$〔mm〕とする。降下時の巻胴に働くトルクT_3'は，式(5.1)より

$$T_3' = 0.94 \frac{24.5 \times 10^3 \times 330}{2}$$
$$= 3.80 \times 10^6 \text{〔N·mm〕}$$

ブレーキ動作時に巻胴に働くトルクT_{3b}はT_3'の150％とするから，式(7.46)より

$$T_{3b} = 1.5 \times 3.80 \times 10^6 = 5.70 \times 10^6 \text{〔N·mm〕}$$

巻胴軸大歯車の基準円直径は表4.5より$D_D=728$〔mm〕，中間軸中心と巻胴軸中心を結んだ線の傾き角βは図4.7より$\beta=14.5$〔°〕であるから，巻胴軸大歯車に作用する力P_Dの垂直方向分力P_{DV}は，式(7.48)より

$$P_{DV} = \frac{2 \times 5.70 \times 10^6 \times \sin(20° - 14.5°)}{728 \times \cos 20°}$$
$$= 1.60 \times 10^3 \text{〔N〕}$$

P_Dの水平方向分力P_{DH}は，式(7.49)より

$$P_{DH} = \frac{2 \times 5.70 \times 10^6 \times \cos(20° - 14.5°)}{728 \times \cos 20°}$$
$$= 1.66 \times 10^4 \text{〔N〕}$$

ワイヤロープの引張力P_{DV}'は巻胴径が$D_d=330$〔mm〕であるから，式(7.50)より

$$P_{DV}' = \frac{2 \times 5.70 \times 10^6}{330} = 3.45 \times 10^4 \text{〔N〕}$$

点Dの位置の合力Pは，式(7.51)より

$$P = \sqrt{(1.60 \times 10^3 + 3.45 \times 10^4)^2 + (1.66 \times 10^4)^2}$$
$$= 3.98 \times 10^4 \text{〔N〕}$$

最大曲げモーメントM_{max}は，式(7.53)より

$$M_{max} = \frac{3.98 \times 10^4 \times 84 \times (136 + 668)}{888}$$
$$= 3.02 \times 10^6 \text{〔N·mm〕}$$

となる。

材料をS50Cとする。表1.3よりS50C-Dの引張強さは696〔MPa〕となる。巻胴軸には曲げ荷重のみが働くので，材料の許容曲げ応力σ_bは，表1.4より，引張強さの36％とされる。また，巻胴軸にはキー溝を設けないので

$$\text{許容曲げ応力 } \sigma_b = 0.36 \times 696 = 251 \text{〔MPa〕}$$

となる。

よって軸径dは，式(7.54)より

$$d \geq \sqrt[3]{\frac{32 \times 3.02 \times 10^6}{\pi \times 251}} = 49.7 \text{〔mm〕} \rightarrow 52 \text{〔mm〕}$$

余裕をみて巻胴軸の軸径は52〔mm〕とする。

8章　軸と軸周辺部品

軸は段付きにするのが一般的である。しかし，本書の設計課題の軸は，図6.10に示したように800〔mm〕を超える長尺であるため段加工は容易ではない。また，手巻ウインチは軸に働くスラスト力はほとんどない。したがって軸は段付きとせず，すべり止めはカラーで行うことにする。軸が長尺にならない場合は，段付き軸とする方が望ましい。

8.1 ハンドル軸とハンドル軸周辺部品

図8.1にハンドル軸と周辺部品を示す。

（1）小歯車連結部のキー

ハンドル軸と小歯車の内径側にキー溝を切削し，キーを挿入することによってハンドル軸と小歯車を連結する。キーは沈みキーを用い，軸より少し硬い材料を用いる。キーの強さについて，図8.2に示すようにキーに生じるせん断とキー溝に生じる圧縮（面圧）について検討を行う。キーに力 P が作用した場合，キーの高さを h，幅を b，長さを l とするとキーに生じるせん断応力 τ は

$$\tau = \frac{P}{bl} = \frac{2T_1}{bld} \tag{8.1}$$

となる。ここで T_1 は，式(4.2)に示した巻き上げ時にハンドル軸に作用するトルクであり，d はハンドル軸の軸径である。また，軸および小歯車のキー溝に生じる圧縮応力（面圧）σ は

$$\sigma = \frac{P}{\frac{h}{2}l} = \frac{4T_1}{hld} \tag{8.2}$$

となる。各軸径に適応するキー寸法の一覧を**表8.1**に示す。計算された τ および σ がそれぞれの許容応力よりも小さくなるようにキーの寸法を決める。

（2）軸端四角部の寸法

ハンドル軸の軸端はクランク軸と結合する。取り外しが容易なように軸端は四角形状にする。人力の作用力を F，クランクハンドルの長さを L とすると，正方形断面の棒にねじりが作用する場合のせん断応力 τ は次式の近似式から求められる。

$$\tau = \frac{FL}{0.208B^3} \tag{8.3}$$

ここで B は四角部の幅である。許容せん断応力を τ_a とし，式(8.3)を書き直すと

$$B = \sqrt[3]{\frac{FL}{0.208\tau_a}} \tag{8.4}$$

となる。四角穴の寸法基準を**表8.2**示す。式(8.4)と表8.2より B を決める。

（3）クランクハンドル

図8.3にクランクハンドルの構造を示す。クランクハンドルの長さ L は4.1節(1)で決められているので曲げモーメントに十分耐えられるよう断面寸法を決定する。寸法記号を図8.3のようにする。クランクアームの根元に生じる曲げ応力 σ は

$$\sigma = \frac{FL}{\frac{td_0^2}{6}} \tag{8.5}$$

であるから，許容曲げ応力を σ_b とすると

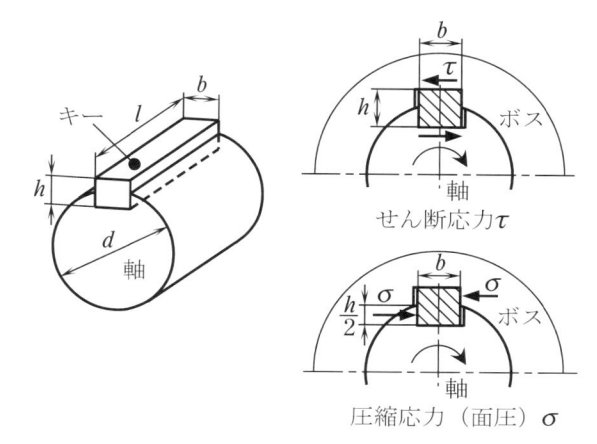

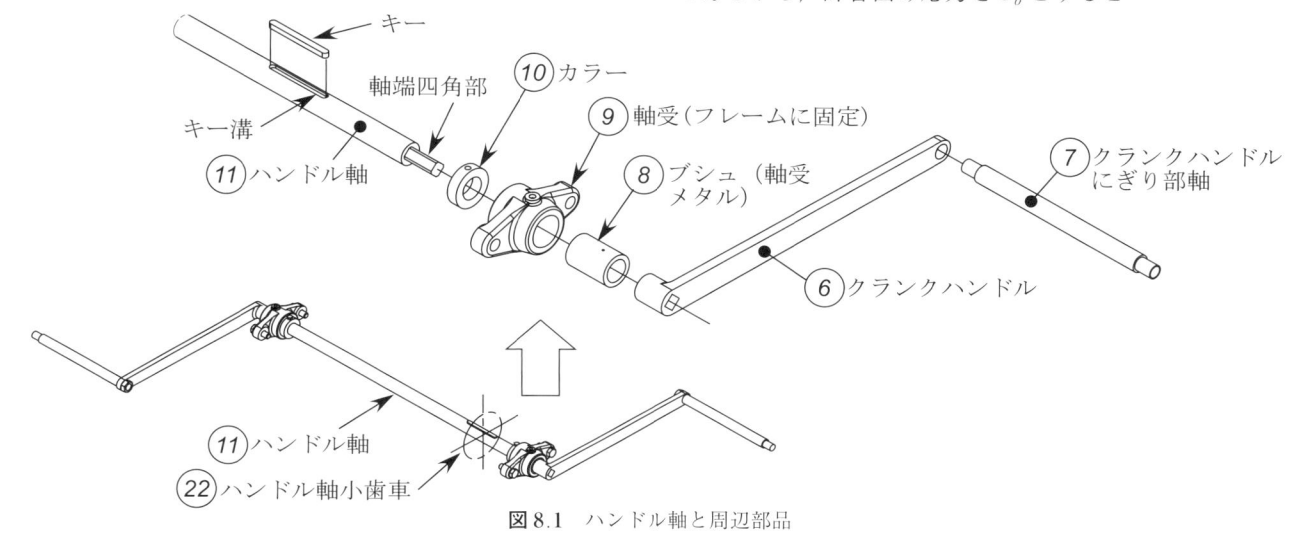

図8.2　キーに作用する応力

図8.1　ハンドル軸と周辺部品

表8.1 沈みキー（平行キー）とキー溝の寸法（JIS B 1301）

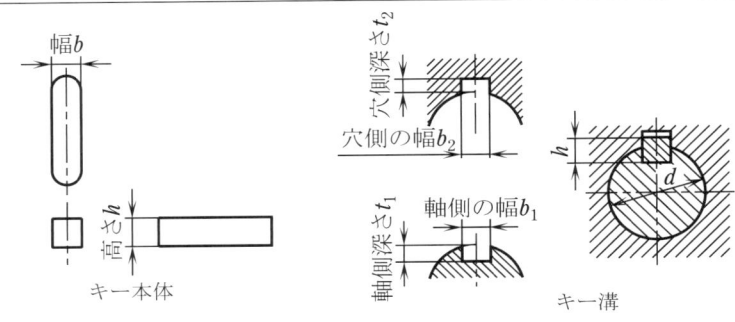

適用する軸径 d	キーの呼び寸法 $b×h$	キー本体				キー溝の寸法（普通形）								t_1, t_2の寸法許容差	
		b		h		b_1		b_2		t_1	t_2			上の値	下の値
		基準寸法	はめあい記号	基準寸法	はめあい記号	基準寸法	はめあい記号	基準寸法	はめあい記号	基準寸法	基準寸法				
$6<d≦8$	$2×2$	2	h9	2	h9	2	N9	2	JS9	1.2	1			+0.1	0
$8<d≦10$	$3×3$	3		3		3		3		1.8	1.4				
$10<d≦12$	$4×4$	4		4		4		4		2.5	1.8				
$12<d≦17$	$5×5$	5		5		5		5		3	2.3				
$17<d≦22$	$6×6$	6		6		6		6		3.5	2.8				
$22<d≦30$	$8×7$	8		7	h11	8		8		4	3.3			+0.2	
$30<d≦38$	$10×8$	10		8		10		10		5	3.3				
$38<d≦44$	$12×8$	12		8		12		12		5	3.3				
$44<d≦50$	$14×9$	14		9		14		14		5.5	3.8				
$50<d≦58$	$16×10$	16		10		16		16		6	4.3				
$58<d≦65$	$18×11$	18		11		18		18		7	4.4				
$65<d≦75$	$20×12$	20		12		20		20		7.5	4.9				
$75<d≦85$	$22×14$	22		14		22		22		9	5.4				
$85<d≦95$	$25×14$	25		14		25		25		9	5.4				
$95<d≦110$	$28×16$	28		16		28		28		10	6.4				
$110<d≦130$	$32×18$	32		18		32		32		11	7.4				
$130<d≦150$	$36×20$	36		20		36		36		12	8.4			+0.3	
$150<d≦170$	$40×22$	40		22		40		40		13	9.4				
$170<d≦200$	$45×25$	45		25		45		45		15	10.4				
$200<d≦230$	$50×28$	50		28		50		50		17	11.4				
$230<d≦260$	$56×32$	56		32		56		56		20	12.4				
$260<d≦290$	$63×32$	63		32		63		63		20	12.4				
$290<d≦330$	$70×36$	70		36		70		70		22	14.4				
$330<d≦380$	$80×40$	80		40		80		80		25	15.4				
$380<d≦440$	$90×45$	90		45		90		90		28	17.4				
$440<d≦500$	$100×50$	100		50		100		100		31	19.5				

$$t \geqq \frac{6FL}{\sigma_b d_0^2} \tag{8.6}$$

により厚さ t が求められる。

にぎりの部分は，にぎり部軸をアームに固定し，にぎり部軸にパイプをはめて回しやすくするようにする。にぎり部長さ l は 200〜300〔mm〕程度にする。にぎり部軸径 d_1 は，にぎり部中央に力 F が作用し，許容曲げ応力を σ_b とすると

$$d_1 \geqq \sqrt[3]{\frac{32}{\pi \sigma_b} \frac{lF}{2}} = \sqrt[3]{\frac{16 lF}{\pi \sigma_b}} \tag{8.7}$$

で求められる。にぎり部軸にはめられるパイプについては省略する。

（4）軸受メタル（ブシュ）

軸受にはすべり軸受を使用する。表8.3を参考に材料と寸法を決める。表8.3に示すような長さ l をとれば軸受圧力はかなり小さくなるので，許容軸受圧力の検討については省略する。

（5）軸受

フランジ型軸受を用いる。軸受穴の内径とブシュ外径は，しまりばめとし，ブシュは軸受に圧入される。圧入後に給油穴を加工する。寸法は表8.4を参考に決める。

（6）カラー

ハンドル軸は軸方向に移動しないように両軸受と接触する位置にカラーを取り付ける。カラーは止めねじで軸に固定する。

表8.2 角穴の基準寸法の参考値

(単位 mm)

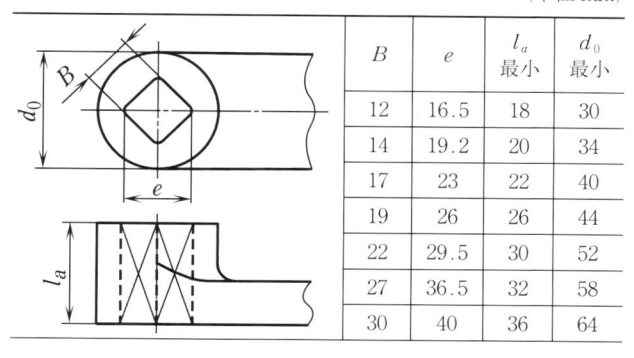

B	e	l_a 最小	d_0 最小
12	16.5	18	30
14	19.2	20	34
17	23	22	40
19	26	26	44
22	29.5	30	52
27	36.5	32	58
30	40	36	64

表8.3 ブシュの長さと厚さの例

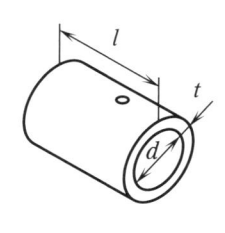

材料	長さ l [mm]	厚さ t [mm]
鋳鉄	$3d$	$\dfrac{d}{3}+2.5$
青銅または黄銅	$(1.5\sim2)d$	$0.08d+4$
ホワイトメタル	$(2\sim2.5)d$	$\dfrac{d}{20}\sim\dfrac{d}{20}+2.5$

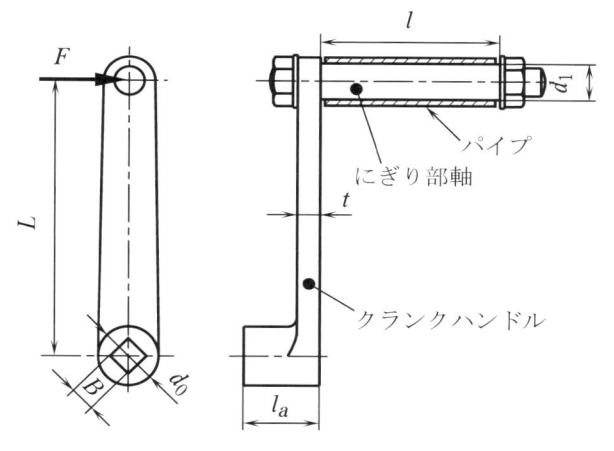

図8.3 クランクハンドルの構造

課題の計算：8.1 ハンドル軸とハンドル軸周辺部品

ハンドル軸周辺部品の構成は図8.1のようにする。

(1) 小歯車連結部のキー

ハンドル軸の材料がS50Cであることから、キーはそれよりも強い材料とし、S55Cとする。キーの寸法は、ハンドル軸の軸径 d が34 [mm]であるから表8.1より

$b=10$ [mm]

$h=8$ [mm]

とする。長さは、図8.4に示すように幅40 [mm]のハンドル軸小歯車の両側に30 [mm]のボスを設けることにし、全長にわたってキー溝を切ると仮定して、キーの平行部 l は

$l=90$ [mm]

とする。ハンドル軸に作用するトルク T_1 は、式(4.2)より $T_1=1.47\times10^5$ [N·mm]であるから、キーに生じるせん断応力 τ は、式(8.1)より

$$\tau=\frac{2\times1.47\times10^5}{10\times90\times34}=9.61\ [\text{MPa}]$$

となる。許容せん断応力 τ_a は表1.5より硬鋼、せん断荷重が働く場合の片振り繰り返し荷重の値から、$\tau_a=64\sim96$ [MPa]となる。手巻きウインチは常時回転する機械ではなく、片振り荷重の繰り返し頻度は少ないと考えられるので、範囲内の最大値をとり、$\tau_a=96$ [MPa]と考える。したがって $\tau<\tau_a$ で安全である。軸および小歯車のキー溝に生じる圧縮応力（面圧）σ は、式(8.2)より

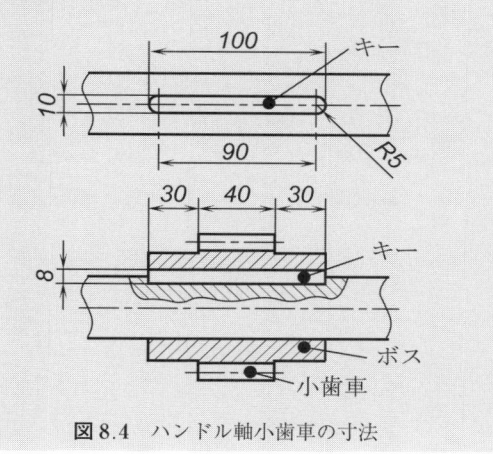

図8.4 ハンドル軸小歯車の寸法

表8.4 フランジ型軸受寸法の参考値

(単位 mm)

ブシュの外径 d_0	D_0	l	j	g	c	a	e_0	e
$20\leq d_0\leq30$	50	60	20	35	20	100	14	M12
$30<d_0\leq45$	65	60	20	35	20	120	14	M12
$45<d_0\leq55$	80	70	20	40	25	140	18	M16
$55<d_0\leq65$	90	80	20	50	30	160	22	M20
$65<d_0\leq80$	110	90	25	55	30	190	22	M20
$80<d_0\leq90$	130	100	25	55	35	220	24	M22

$$\sigma = \frac{4 \times 1.47 \times 10^5}{8 \times 90 \times 34} = 24.0 \text{ [MPa]}$$

となる。ハンドル軸の材料はS50Cなので，表1.5より硬鋼，圧縮荷重が働く場合の片振り繰り返し荷重の値から許容圧縮応力 $\sigma_c = 80 \sim 120$ [MPa]より範囲内の最大値をとり，$\sigma_c = 120$ [MPa]と考える。また小歯車は材料がFC200なので鋳鉄の許容圧縮応力 $\sigma_c = 60$ [MPa]であり，いずれも $\sigma < \sigma_c$ で安全である。

(2) 軸端四角部の寸法

4.1節(1)で $F = 147$ [N]，$L = 500$ [mm]と決められている。ハンドル軸の材料はS50Cなので許容せん断応力 τ_a は表1.5より硬鋼，ねじり荷重が働く場合の片振り繰り返し荷重の値から $\tau_a = 60 \sim 96$ [MPa]となる。範囲内の最大値をとり $\tau_a = 96$ [MPa]とすると，式(8.4)より

$$B = \sqrt[3]{\frac{147 \times 500}{0.208 \times 96}} = 15.4 \text{ [mm]}$$
$$\to B = 17 \text{ [mm]}$$

表8.2より $B = 17$ [mm]，$d_0 = 40$ [mm]とする。余裕をみて $l_a = 50$ [mm]とする。

(3) クランクハンドル

クランクアームは材料を鍛鋼品SF390Aとし，許容曲げ応力 σ_b は表1.5より軟鋼，曲げ荷重が働く場合の片振り繰り返し荷重の値から $\sigma_b = 60 \sim 100$ [MPa]となる。範囲内の最大値をとり $\sigma_b = 100$ [MPa]とし，$d_0 = 40$ [mm]とすると，式(8.6)より

$$t \geq \frac{6 \times 147 \times 500}{100 \times 40^2} = 2.76 \text{ [mm]} \to t = 15 \text{ [mm]}$$

余裕をみて $t = 15$ [mm]とする。

にぎり部軸は材料をSS400とし，許容曲げ応力 $\sigma_b = 100$ [MPa]，$l = 295$ [mm]とすると，式(8.7)より

$$d_1 \geq \sqrt[3]{\frac{16 \times 295 \times 147}{\pi \times 100}} = 13.0 \text{ [mm]}$$
$$\to d_1 = 26 \text{ [mm]}$$

余裕をみて $d_1 = 26$ [mm]とする。

以上から，クランクハンドルとにぎり部軸の寸法が決定されるので，図8.5と図8.6に示すような計画図が書ける。

(4) 軸受メタル（ブシュ）

材料を青銅BC3とし，ハンドル軸の軸径 $d = 34$ [mm]であるから表8.3より

$l = (1.5 \sim 2) \times 34 = 51 \sim 68$ [mm] $\to l = 70$ [mm]
$t = 0.08 \times 34 + 4 = 6.72$ [mm] $\to t = 7.0$ [mm]

とする。図8.7にハンドル軸ブシュの計画図を示す。

(5) 軸受

フランジ型軸受を用い，材料はFC200とする。表8.4を参考に寸法を決める。図8.8にハンドル軸軸受の計画図を示す。

(6) カラー

カラーの幅は止めねじの呼び径の2倍程度とする。図8.9にハンドル軸止めカラーの計画図を示す。

以上から，ハンドル軸の寸法が決定されるので，図8.10に示すような計画図が書ける。

すべり軸受は，給油などの定期的なメンテナンスが必要である。最近では玉軸受とケースが一体となった玉軸受ユニットが販売されているので，軸受メタル，軸受の代わりに玉軸受ユニットを取り付けることが考えられる。その場合は，軸に作用する R_A，R_B を計算し，適合する玉軸受ユニットの調査・選定を行う。

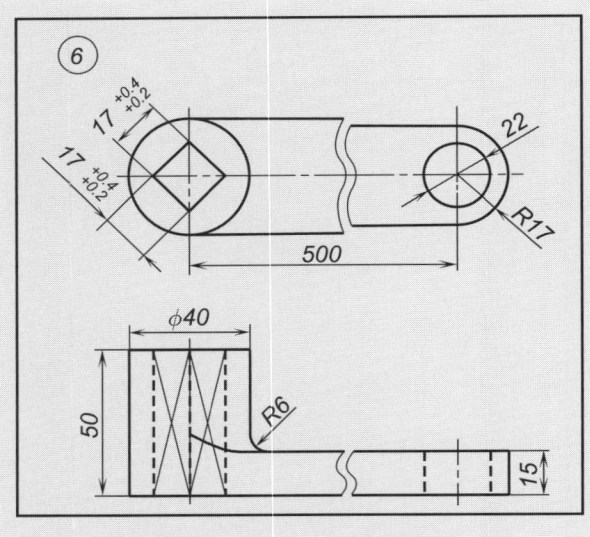

図8.5 クランクアーム計画図

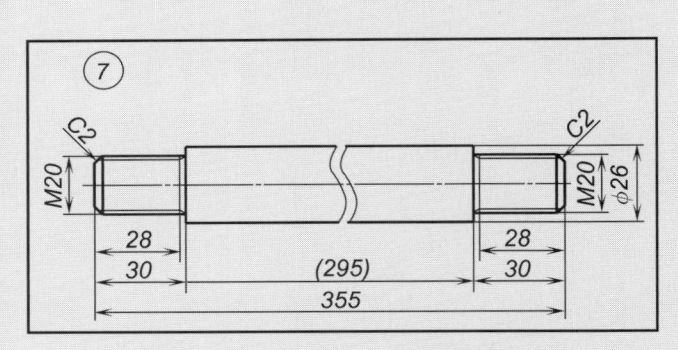

図8.6 クランクアームにぎり部軸計画図

8.1 ハンドル軸とハンドル軸周辺部品　41

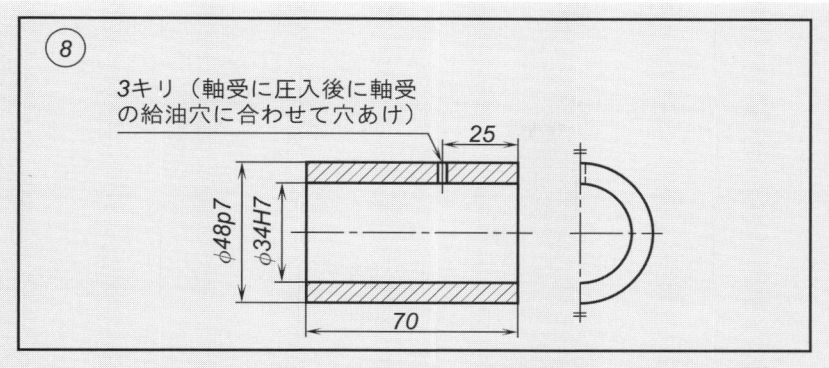

図8.7　ハンドル軸ブシュ計画図

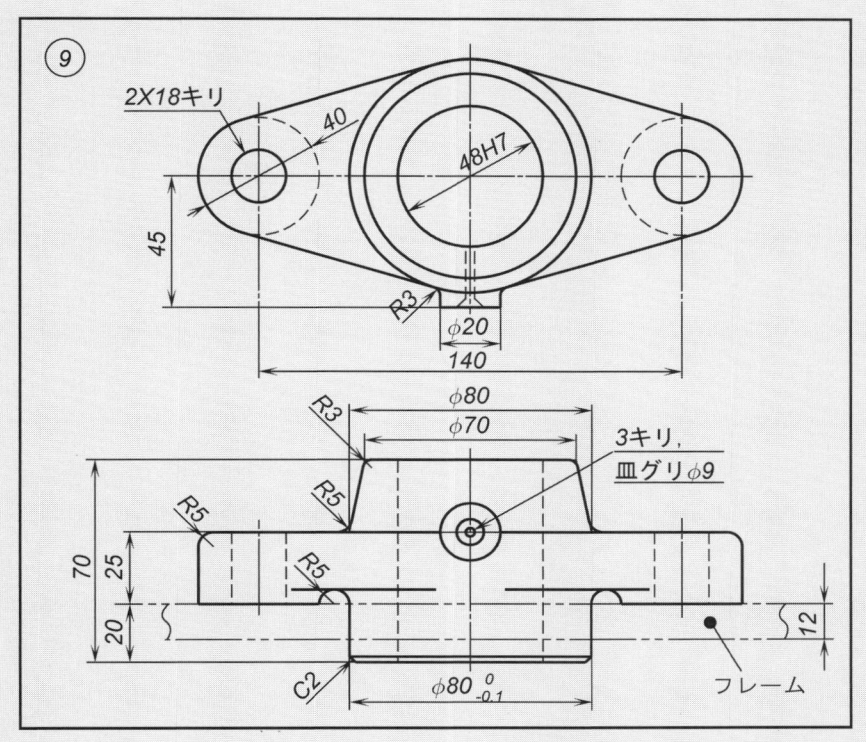

図8.8　ハンドル軸軸受計画図

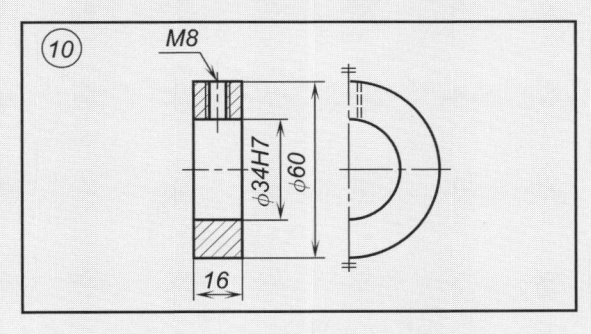

図8.9　ハンドル軸止めカラー計画図

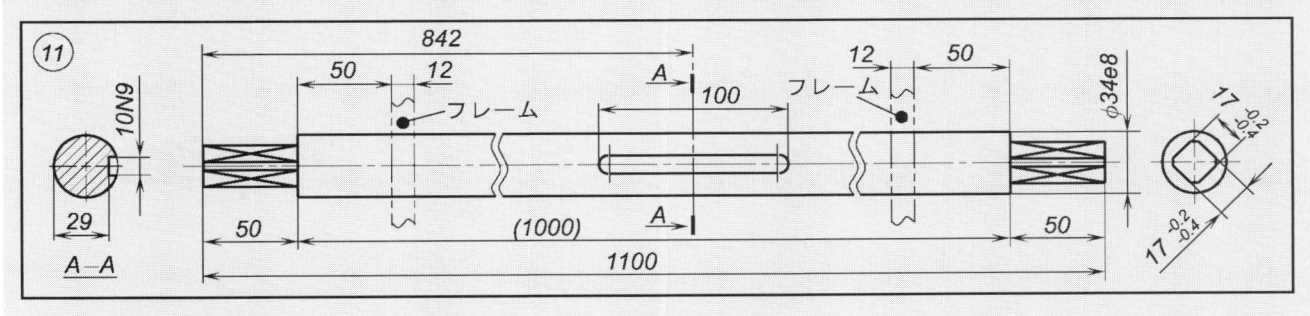

図8.10　ハンドル軸計画図

8.2 中間軸と中間軸周辺部品

図8.11に中間軸と周辺部品を示す。

（1）大歯車連結部のキー

8.1節（1）と同様にキー寸法を表8.1から決定し，キーに生じるせん断応力 τ とキー溝に生じる圧縮応力（面圧）σ について検討する。

$$\tau = \frac{2T_2}{bld} \tag{8.8}$$

$$\sigma = \frac{4T_2}{hld} \tag{8.9}$$

ここで T_2 は，式（4.3）に示した巻き上げ時に中間軸に作用するトルクであり，d は中間軸の軸径である。計算された τ および σ がそれぞれの許容応力よりも小さくなるようにキーの寸法を決める。

（2）小歯車連結部のキー

（1）と同様にキーに生じるせん断応力 τ とキー溝に生じる圧縮応力（面圧）σ について検討する。5章でブレーキ動作時のブレーキトルクは降下時の中間軸に働くトルクの150％として計算した。よって，式（5.14）により求められているブレーキ動作時のトルク T_{2b} が働く場合にキーに生じる応力を検討する。

$$\tau = \frac{2T_{2b}}{bld} \tag{8.10}$$

$$\sigma = \frac{4T_{2b}}{hld} \tag{8.11}$$

（3）ブレーキドラム連結部のキー

ブレーキ動作時のトルク T_{2b} が働く場合にキーに生じる応力を検討するので，式（8.10），（8.11）によりキーに生じるせん断応力 τ とキー溝に生じる圧縮応力（面圧）σ について検討する。

（4）軸受メタル（ブシュ）

8.1節（4）と同様に軸受にはすべり軸受を使用する。表8.3を参考に材料と寸法を決める。表8.3の長さ l をとれば軸受圧力はかなり小さくなるので，許容軸受圧力の検討については省略する。

（5）軸受

8.1節（5）と同様にフランジ型軸受を用いる。軸受穴の内径とブシュ外径はしまりばめとし，ブシュを軸受に圧入する。圧入後に給油穴を加工する。寸法は表8.4を参考に決める。

（6）カラー

中間軸小歯車とフレーム，つめ車とフレームのすきまには組み立てやすくするためにカラーを入れる。

課題の計算：8.2　中間軸と中間軸周辺部品

中間軸周辺部品の構成は図8.11のようにする。

（1）大歯車連結部のキー

中間軸の材料がS50Cであることから，キーはそれよりも強い材料とし，S55Cとする。キーの寸法は，中間軸の軸径 d が46〔mm〕であるから表8.1より

$b = 14$〔mm〕
$h = 9$〔mm〕

とする。長さは，図8.12に示すように幅40〔mm〕の中間軸大歯車の片側に36〔mm〕のボスを設けることにし，全長にわたってキー溝を切るのでキーの平行部 l は

$l = 69$〔mm〕

とする。中間軸に作用するトルク T_2 は，式（4.3）より $T_2 = 6.98 \times 10^5$〔N・mm〕であるから，キーに生じるせん断応力 τ は，式（8.8）より

$$\tau = \frac{2 \times 6.98 \times 10^5}{14 \times 69 \times 46} = 31.4 \text{〔MPa〕}$$

許容せん断応力 τ_a は表1.5より硬鋼，せん断荷重が働く場合の片振り繰り返し荷重の値から，$\tau_a = 64 \sim 96$〔MPa〕となる。手巻きウインチは常時回転する機械ではなく，片振り荷重の繰り返し頻度は少ないと考えられるので，範囲内の最大値をとり，$\tau_a = 96$〔MPa〕と考える。したがって $\tau < \tau_a$ で安全である。中間軸および中間軸大歯車のキー溝に生じる圧縮応力（面圧）σ は，式（8.9）より

$$\sigma = \frac{4 \times 6.98 \times 10^5}{9 \times 69 \times 46} = 97.8 \text{〔MPa〕}$$

となる。中間軸の材料はS50Cであるから，表1.5より硬鋼，圧縮荷重が働く場合の片振り繰り返し荷重の値から許容圧縮応力 $\sigma_c = 80 \sim 120$〔MPa〕となる。範囲

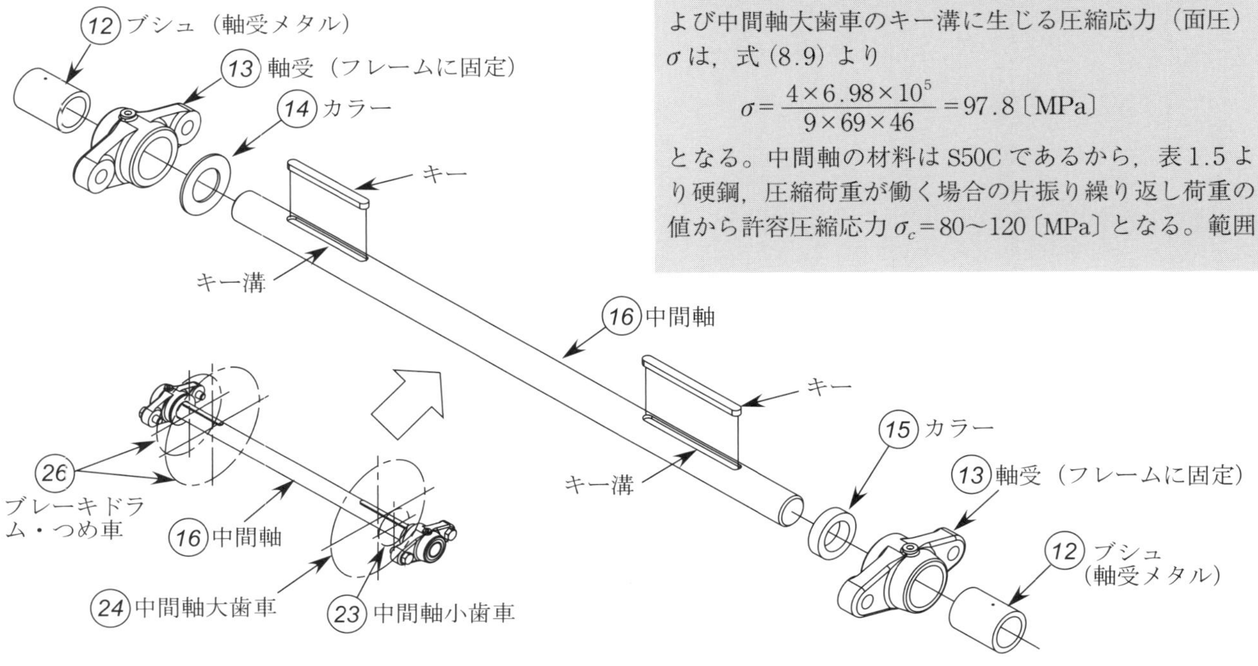

図8.11　中間軸と周辺部品

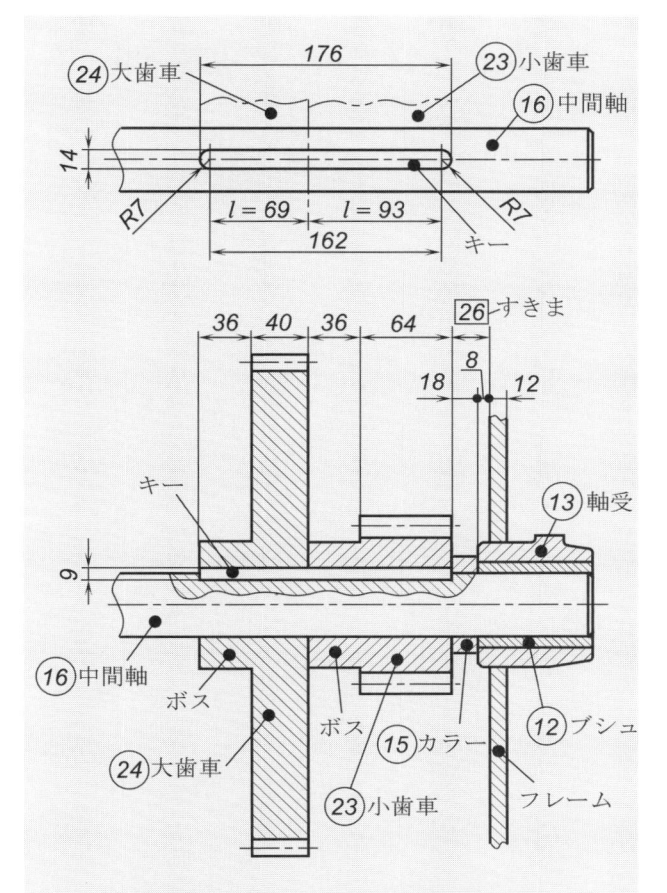

図8.12 中間軸大歯車・中間軸小歯車の寸法

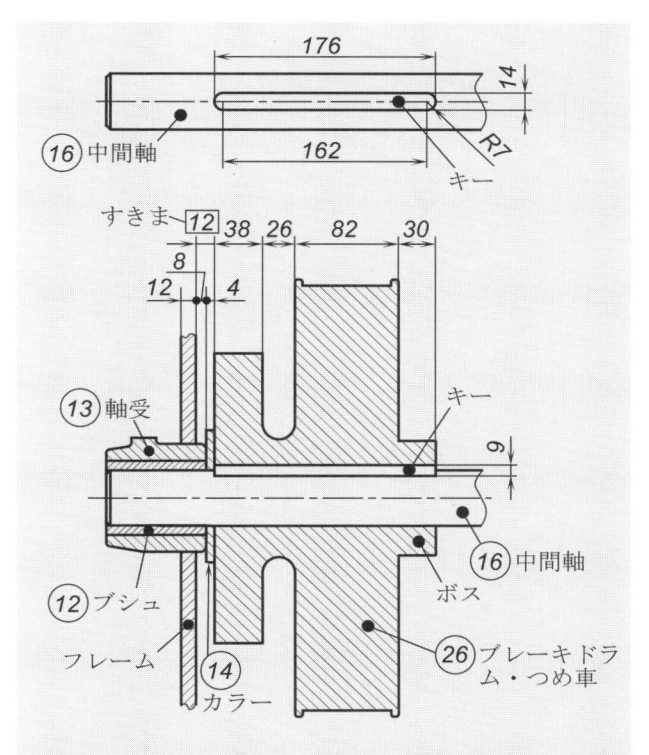

図8.13 ブレーキドラム・つめ車の寸法

内の最大値をとり，$\sigma_c=120$〔MPa〕と考える。したがって $\sigma<\sigma_c$ で安全であるとみなす。一方，中間軸大歯車は材料が FC200 なので許容圧縮応力 $\sigma_c=60$〔MPa〕となる。この場合，$\sigma>\sigma_c$ で許容応力を超え危険となる。したがって，中間軸大歯車の材料を鋳鉄 FC200 から鋳鋼 SC410 に変更する。表1.5の鋳鋼の許容圧縮応力 $\sigma_c=60 \sim 100$〔MPa〕であり，範囲内の最大値をとり $\sigma_c=100$〔MPa〕と考え，$\sigma<\sigma_c$ で安全であるとみなす。材料を変更しても $\sigma<\sigma_c$ とならない場合は，キーの平行部 l を大きくする。

（2）小歯車連結部のキー

キーの長さは，図8.12 に示すように幅64〔mm〕の中間軸小歯車の片側に 36〔mm〕のボスを設けることにし，全長にわたってキー溝を切るのでキーの平行部 l は

$$l=93 \text{〔mm〕}$$

ブレーキ動作時のトルク T_{2b} は，式（5.14）より $T_{2b}=8.33\times10^5$〔N・mm〕であるから，キーに生じるせん断応力 τ は，式（8.10）より

$$\tau=\frac{2\times8.33\times10^5}{14\times93\times46}=27.8 \text{〔MPa〕}$$

となる。中間軸のキーの許容せん断応力 $\tau_a=96$〔MPa〕であるから，$\tau<\tau_a$ で安全である。中間軸および中間軸小歯車のキー溝に生じる圧縮応力（面圧）σ は，式（8.11）より

$$\sigma=\frac{4\times8.33\times10^5}{9\times93\times46}=86.5 \text{〔MPa〕}$$

となる。中間軸の許容圧縮応力 $\sigma_c=120$〔MPa〕であり $\sigma<\sigma_c$ で安全である。また中間軸小歯車は 7.2 (1) で材料を鋳鋼 SC410 に変更したので許容圧縮応力 $\sigma_c=100$〔MPa〕であり，$\sigma<\sigma_c$ で安全である。

（3）ブレーキドラム連結部のキー

キーの長さは，図8.13 に示すようにブレーキドラムの片側に 30〔mm〕のボスを設けることにし，全長にわたってキー溝を切るので，キーの平行部 l は

$$l=162 \text{〔mm〕}$$

ブレーキ動作時のトルク T_{2b} は，式（5.14）より $T_{2b}=8.33\times10^5$〔N・mm〕であるから，キーに生じるせん断応力 τ は，式（8.10）より

$$\tau=\frac{2\times8.33\times10^5}{14\times162\times46}=16.0 \text{〔MPa〕}$$

となる。中間軸のキーの許容せん断応力 $\tau_a=96$〔MPa〕であるから，$\tau<\tau_a$ で安全である。中間軸およびブレーキドラムのキー溝に生じる圧縮応力（面圧）σ は，式（8.11）より

$$\sigma=\frac{4\times8.33\times10^5}{9\times162\times46}=49.7 \text{〔MPa〕}$$

となる。中間軸の許容圧縮応力 $\sigma_c=120$〔MPa〕であり，ブレーキドラムは材料が FC200 なので許容圧縮応力 $\sigma_c=60$〔MPa〕であり，いずれも $\sigma<\sigma_c$ で安全である。

（4）軸受メタル（ブシュ）

材料を青銅 BC3 とし，中間軸の軸径 $d=46$〔mm〕であるから表8.3より

$$l=(1.5\sim2)\times46=69\sim92 \text{〔mm〕} \rightarrow 80 \text{〔mm〕}$$
$$t=0.08\times46+4=7.68 \text{〔mm〕} \rightarrow 8.0 \text{〔mm〕}$$

とする。図8.14 に中間軸ブシュの計画図を示す。

（5）軸受

フランジ型軸受を用い，材料は FC200 とする。表8.4を参考に寸法を決める。図8.15 に中間軸軸受の

44   8. 軸と軸周辺部品

計画図を示す。
（6）カラー

中間軸小歯車とフレーム，つめ車とフレームのすきまは図 6.10 でそれぞれ 26〔mm〕，12〔mm〕と決めた。それらにより図 8.12，8.13 に示すようにカラーの寸法がそれぞれ決定される。**図 8.16** に中間軸カラーの計画図を示す。

以上から，中間軸の寸法が決定されるので，**図 8.17** に示すような計画図が書ける。

すべり軸受は，給油などの定期的なメンテナンスが必要である。最近では玉軸受とケースが一体となった玉軸受ユニットが販売されているので，軸受メタル，軸受の代わりに玉軸受ユニットを取り付けることが考えられる。その場合は，軸に作用する R_A，R_B を計算し，適合する玉軸受ユニットの調査・選定を行う。

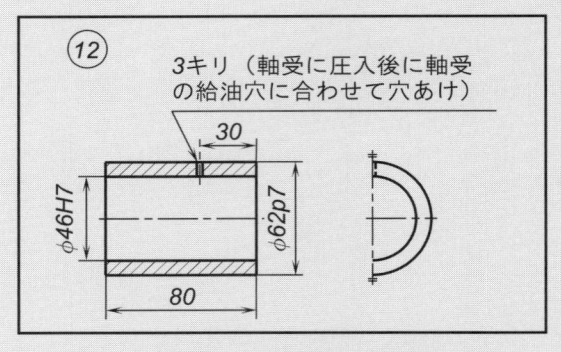

図 8.14　中間軸ブシュ計画図

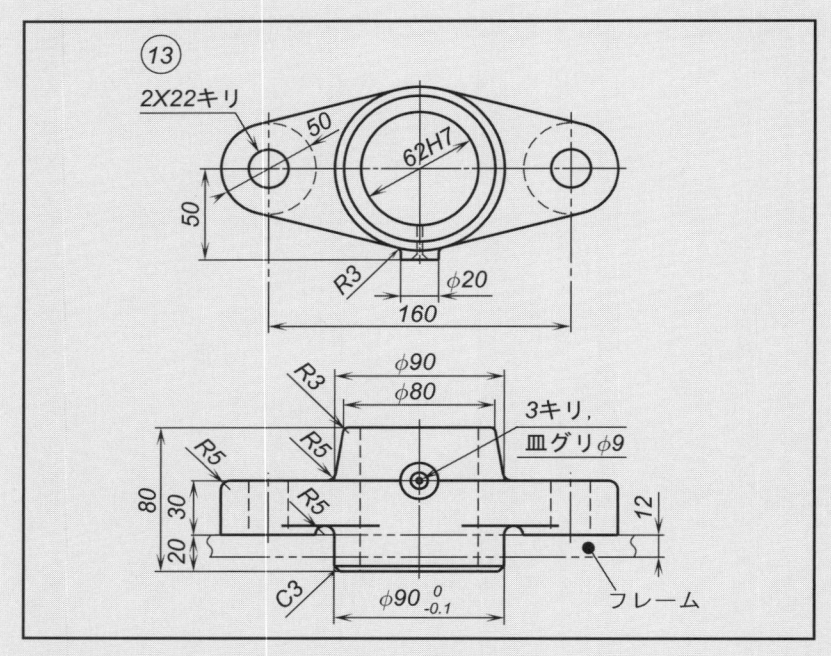

図 8.15　中間軸軸受計画図

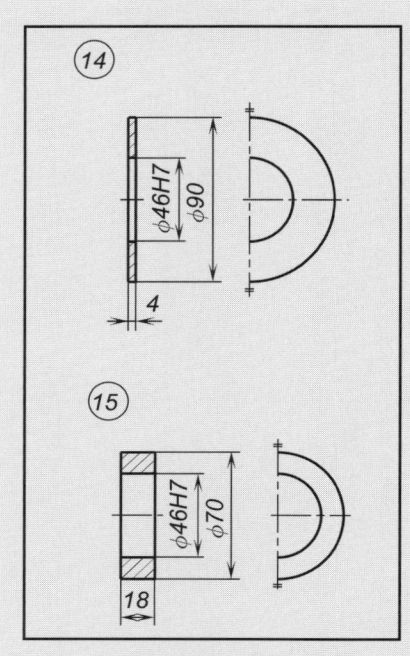

図 8.16　中間軸カラー計画図

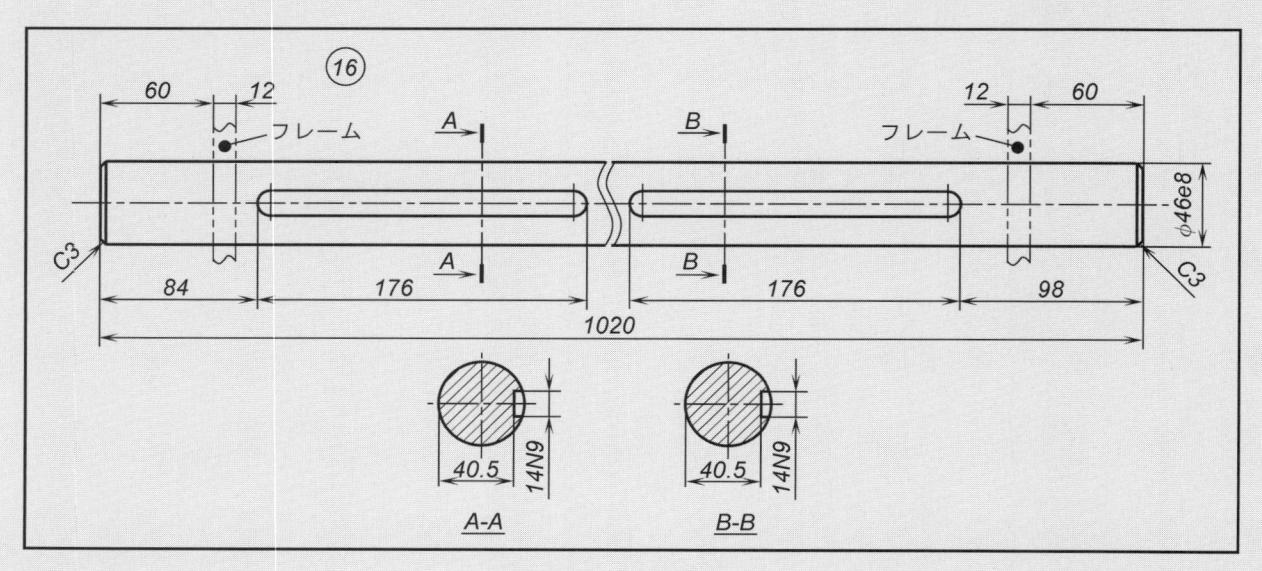

図 8.17　中間軸計画図

8.3 巻胴軸と巻胴軸周辺部品

巻胴軸は回転しない軸としてフレームに固定され，巻胴軸と巻胴，巻胴軸と巻胴軸大歯車の間にすべり軸受を設ける。図8.18に巻胴軸と周辺部品を示す。

（1）軸受メタル（ブシュ）

巻胴と巻胴軸の間にはすべり軸受を使用する。軸受穴の内径とブシュ外径はしまりばめとし，ブシュは巻胴および大歯車の軸受穴に圧入される。表8.3を参考に材料と寸法を決める。許容軸受圧力の検討については省略する。ブシュはフレームの内側にあるので給油が難しい。そこで図8.19に示すように軸端に穴を設け，軸端から給油する。

（2）巻胴ボス部寸法

図3.2において決定されていなかった軸受径 D_1，巻胴ボス径 D_2 を決定する。

（3）巻胴と巻胴軸大歯車との連結

巻胴軸大歯車はボルトとナットにより巻胴に連結される。図3.2に示す取付け基準円直径 D_c，ボルト本数 n，ボルトの最小径 d_1 を決定する。

巻胴に作用するトルク ≦
　　全ボルトの許容せん断力×取付け半径
であるから次式が成り立つ。

$$T_{3b} \leq n \frac{\pi d_1^2}{4} \tau_a \frac{D_c}{2} \tag{8.12}$$

表8.5 止め板の寸法例

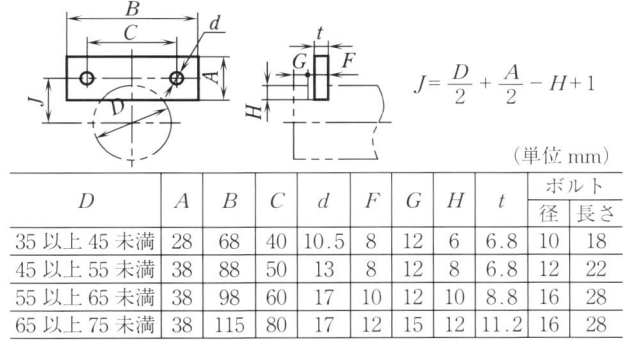

D	A	B	C	d	F	G	H	t	ボルト径	ボルト長さ
35以上45未満	28	68	40	10.5	8	12	6	6.8	10	18
45以上55未満	38	88	50	13	8	8	8	6.8	12	22
55以上65未満	38	98	60	17	10	10	10	8.8	16	28
65以上75未満	38	115	80	17	12	15	12	11.2	16	28

〔編集委員会編：荷役機械工学便覧，コロナ社（1961）より〕

ここで T_{3b} はブレーキ動作時に巻胴に働くトルクであり，式（7.46）で求められている。τ_a はボルトの許容せん断応力である。この式から，ボルトの最小径 d_1 が次式により求められる。

$$d_1 \geq \sqrt{\frac{8 T_{3b}}{\pi n \tau_a D_c}} \tag{8.13}$$

（4）カラー

巻胴軸大歯車とフレーム，巻胴とフレームのすきまには組み立てやすくするためにカラーを入れる。

（5）止め板

巻胴軸は回転しない機構とするので，表8.5に示す止め板で軸を固定する。

課題の計算：8.3 巻胴軸と巻胴軸周辺部品

巻胴軸周辺部品は図8.18のようにする。

（1）軸受メタル（ブシュ）

長さ l は図6.10で $l=104$ mm としている。材料を青銅 BC3 とし，巻胴軸の軸径 $d=52$〔mm〕であるから表8.3より確認すると

　　$l=(1.5～2)×52=78～104$〔mm〕

であり範囲内である。厚さ t は

　　$t=0.08×52+4=8.16$〔mm〕→ $t=9.0$〔mm〕

とする。分解時に抜くことを考慮し，8〔mm〕のフランジを設ける。図6.10に詳細寸法を追加記入する。その巻胴軸周辺寸法を図8.19に示す。図8.20に巻胴軸ブシュの計画図を示す。

（2）巻胴ボス部寸法

図3.5において

　　$D_1=70$〔mm〕（製図は $\phi 70H7$）
　　$D_2=110$〔mm〕

と決定し，図3.5を修正する。

（3）巻胴と巻胴軸大歯車との連結

式（7.46）より $T_{3b}=5.70×10^6$〔N·mm〕，取付け基準円直径 $D_c=360$〔mm〕，取付けボルトの本数 $n=8$〔本〕とする。ボルトの許容せん断応力 τ_a は表1.5より軟鋼，せん断荷重が働く場合の片振り繰り返し荷重の値から，$\tau_a=48～80$〔MPa〕となるので範囲内の最大値をとり，$\tau_a=80$〔MPa〕とする。式（8.13）より

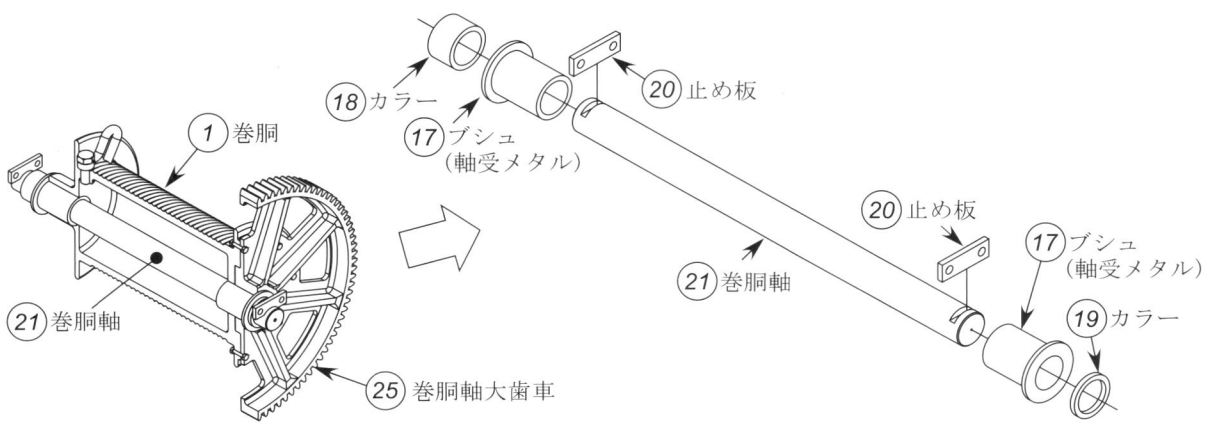

$$d_1 \geq \sqrt{\frac{8×5.70×10^6}{\pi×8×80×360}} = 7.94 \text{〔mm〕}$$

図8.18　巻胴軸と周辺部品

取付けボルトは表3.2より余裕をみて，M12のボルトを使用し，表3.4よりボルト穴径は13〔mm〕（図3.5戸の$d_g=13$〔mm〕）とする。以上の箇所について図3.5を修正する。

（4）カラー

巻胴ボス部とフレーム，巻胴軸大歯車とフレームのすきまは図6.10でそれぞれ78〔mm〕，26〔mm〕と決めた。それにより図8.19に示すようにカラーの寸法がそれぞれ決定される。**図8.21**に巻胴軸カラーの計画図を示す。

（5）止め板

巻胴軸の軸径$D=52$〔mm〕であるから表8.5より，$A=38$〔mm〕，$H=8$〔mm〕とする。したがってフレームの穴位置は表中の式より

$$J = \frac{52}{2} + \frac{38}{2} - 8 + 1 = 38 \text{〔mm〕}$$

とする。**図8.22**に巻胴軸止め板の計画図を示す。

以上から，巻胴軸の寸法が決定されるので，**図8.23**に示すような計画図が書ける。

すべり軸受は，給油などの定期的なメンテナンスが必要である。最近では玉軸受とケースが一体となった玉軸受ユニットが販売されているので，巻胴軸大歯車と巻胴軸をキーで連結し，軸受メタル，止め板の代わりに玉軸受ユニットを取り付けることが考えられる。その場合は，軸に作用するR_A，R_Bを計算し，適合する玉軸受ユニットの調査・選定を行う。

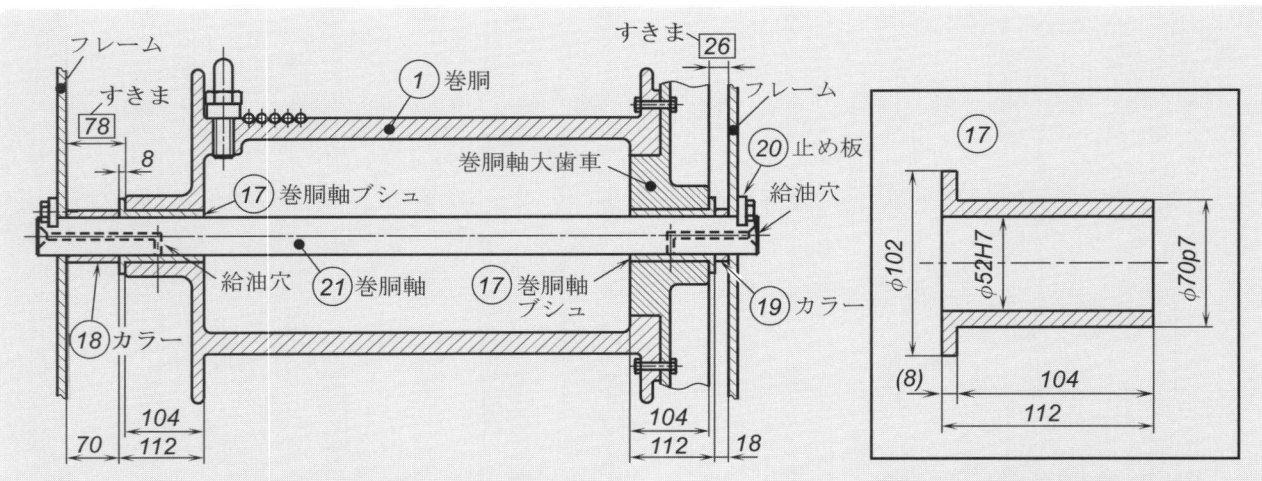

図8.19　巻胴軸ブシュ・カラーの寸法

図8.20　巻胴軸ブシュの計画図

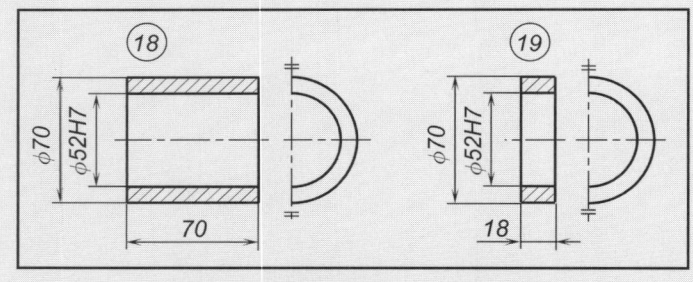

図8.21　巻胴軸カラーの計画図

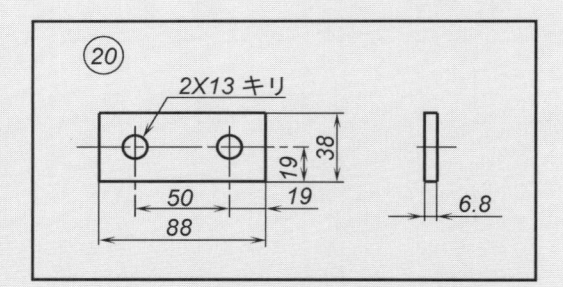

図8.22　止め板の計画図

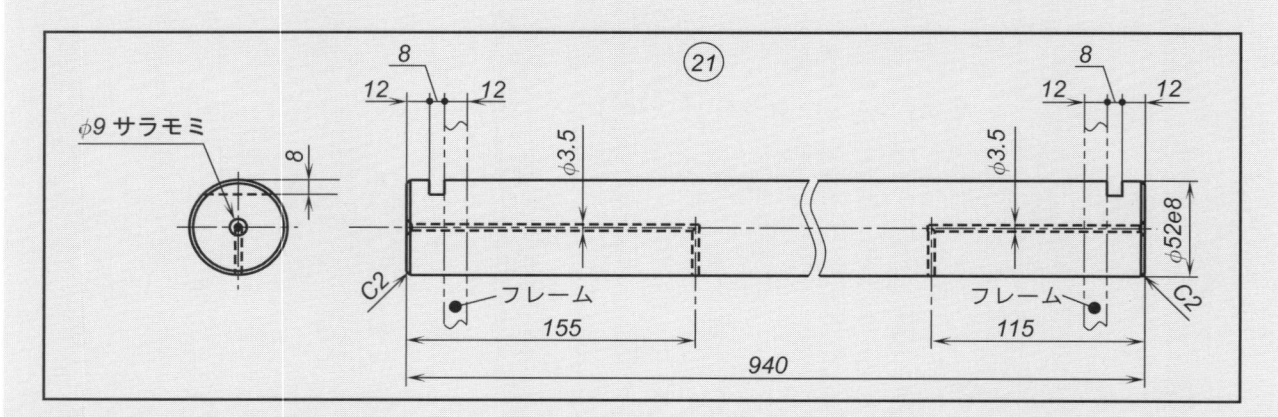

図8.23　巻胴軸の計画図

9章 歯車詳細寸法

歯車の形状は**図9.1**に示すように，歯車外径が200〔mm〕以下のものは軸と一体構造または円板状とし，200〔mm〕より大きいものは重量を軽くするためアーム構造やウエブ構造とすることが多い。したがって，小歯車はボス付の円板状とし，大歯車はアーム構造とウエブ構造にする。

設計の前に，JISによるアーム構造の歯車の断面製図の書き方について，**図9.2**にリブおよびアームの断面図の図例を示す。リブ，アーム，歯車の歯は切断すると形が不明確になるので切断してはいけない。間違いやすいので注意が必要である。

9.1 小歯車の寸法

(1) ハンドル軸小歯車の寸法

歯車外径が小さいのでボス付円板状とする。ボスの長さ l は8.1節で求めた必要なキーの長さとそろえる。

ボスの直径 d_0 は

$$d_0 = (1.5 \sim 2.0)d + 5 \text{〔mm〕} \qquad (9.1)$$

が経験的に示されている。

(2) 中間軸小歯車の寸法

ハンドル軸小歯車と同様にボス付円板状とする。

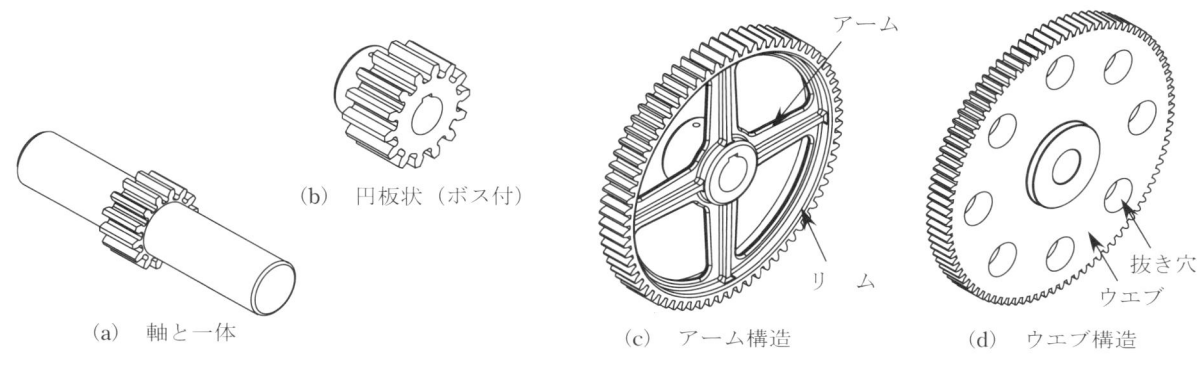

図9.1 歯車形状

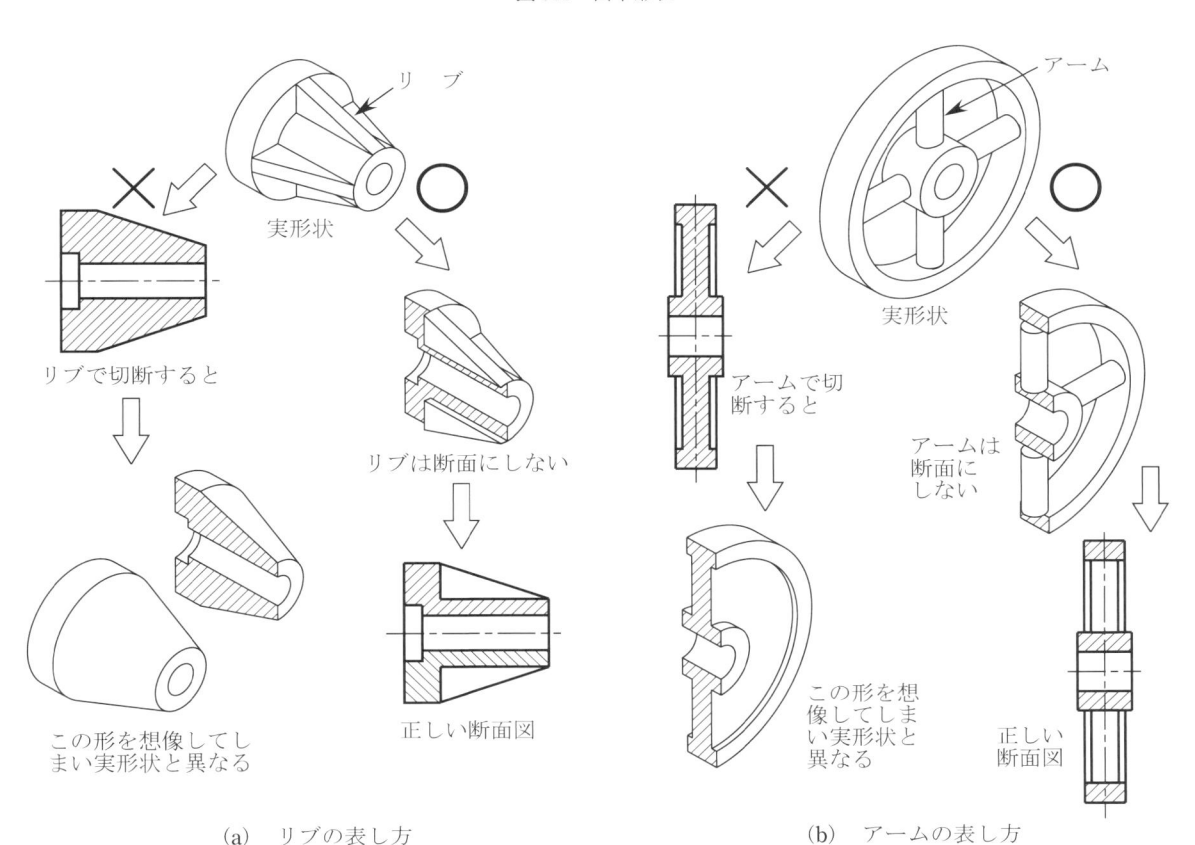

(a) 軸と一体　(b) 円板状（ボス付）　(c) アーム構造　(d) ウエブ構造

(a) リブの表し方　(b) アームの表し方

図9.2 リブ・アームの断面図の表し方

9. 歯車詳細寸法

課題の計算：9.1 小歯車の寸法

小歯車の形状は図4.1のようにする。

（1）ハンドル軸小歯車の寸法

図8.4でボス寸法は決定されている。ボスの直径 d_0 はハンドル軸の軸径 d が 34〔mm〕であるから，式（9.1）より

$$d_0 = (1.5\sim2.0)\times34+5 = 56\sim73 \text{〔mm〕}$$

となる。ここで，表4.5より歯底円直径が $d_a-2h = 80-2\times11.25 = 57.5$〔mm〕であるので，ボスの直径 d_0 はそれより小さくなければならない。よって

$$d_0 = 56 \text{〔mm〕}$$

とする。

図9.3にハンドル軸小歯車の計画図を示す。

（2）中間軸小歯車の寸法

図8.12でボス寸法は決定されている。ボスの直径 d_0 は中間軸の軸径 d が 46〔mm〕なので，式（9.1）より

$$d_0 = (1.5\sim2.0)\times46+5$$
$$= 74\sim97 \text{〔mm〕} \rightarrow d_0 = 85 \text{〔mm〕}$$

とする。

図9.4に中間軸小歯車の計画図を示す。

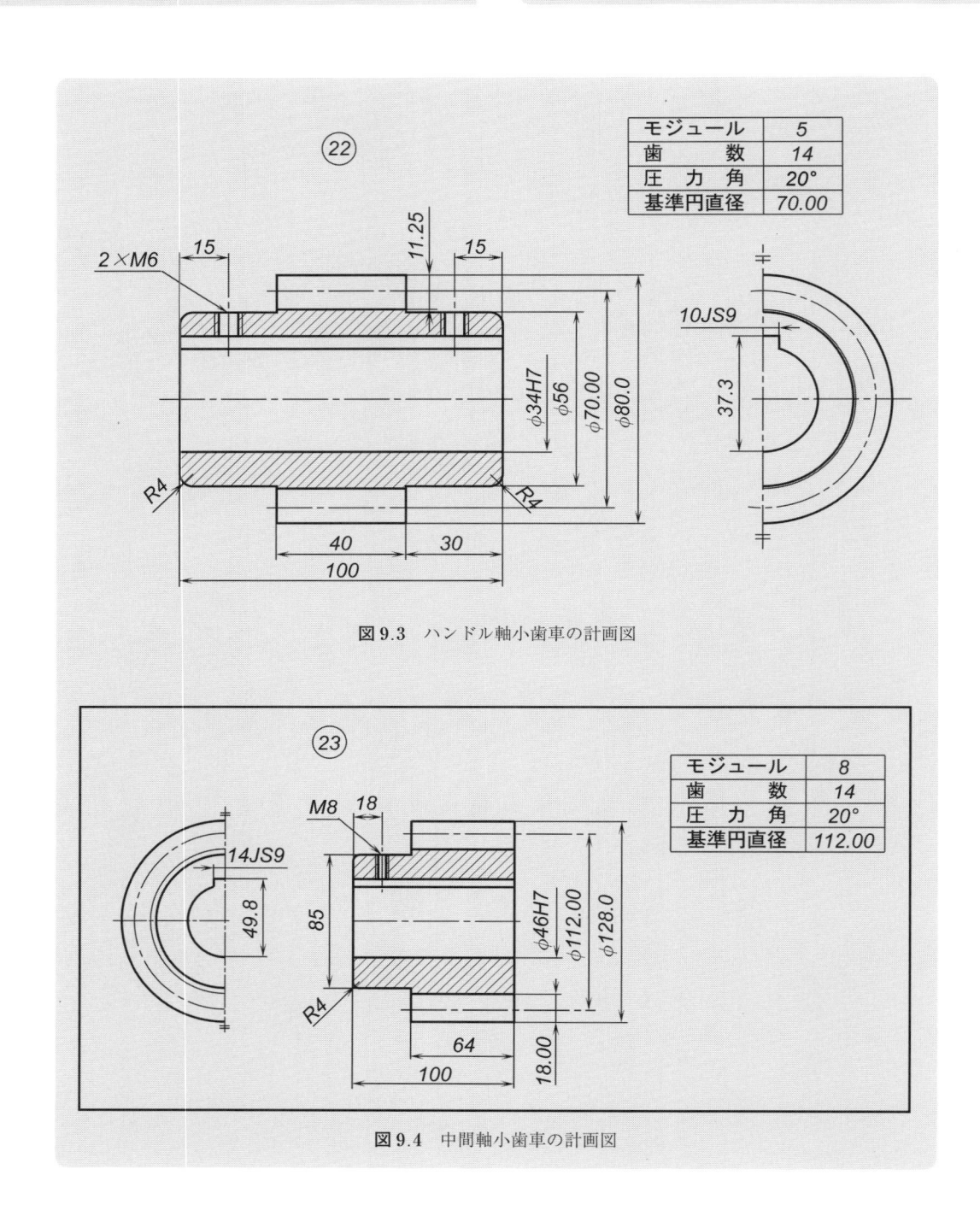

モジュール	5
歯　　数	14
圧　力　角	20°
基準円直径	70.00

図9.3 ハンドル軸小歯車の計画図

モジュール	8
歯　　数	14
圧　力　角	20°
基準円直径	112.00

図9.4 中間軸小歯車の計画図

9.2 中間軸大歯車の寸法

中間軸大歯車は外径が大きいのでアーム形状とする。

（1）リブとリムの設計

図9.5にリブとリムの寸法記号を示す。これらの寸法は経験的に表4.4に示したピッチ $p=\pi m$（m はモジュール）を基準とする。それらの値は

$$h_r = (0.5〜0.7)p \tag{9.2}$$
$$h_1 = (0.5〜0.7)p \tag{9.3}$$
$$h_2 \geqq 0.5p \tag{9.4}$$

により求められる。

（2）アームの設計

図9.6にアームの断面形状と寸法を示す。アーム形状の断面は、歯に作用する荷重が小さい場合はだ円形を、大きい場合はT型または十字型を用いる。図中の各部の寸法は、経験的にピッチ $p=\pi m$（m はモジュール）を基準としている。

アームの本数 n はつぎの式により求められる。

$$n = \left(\frac{1}{3}〜\frac{1}{6}\right)\sqrt{d_a} \tag{9.5}$$

ここで d_a は表4.4に示した歯先円直径である。一般には d_a が 500〔mm〕以下は4本、500〔mm〕以上は6本か8本とする。

（3）ボスの設計

図9.5に示すボスの長さ l は、8.2節で求めた必要なキーの長さとそろえる。ボスの直径 d_0 は、式（9.1）

$$d_0 = (1.5〜2.0)d + 5 \text{〔mm〕}$$

が経験的に示されている。

（4）アームの強さ

図9.7に示すように歯車に作用するトルクを n 本のアームで支える片持ち梁と考え、アームの断面係数から曲げ応力を計算する。

$$曲げ応力 = \frac{曲げモーメント}{断面係数}$$

である。まず、図のようにアーム1本あたりに作用する力を P を考える。歯車に作用するトルクを T、基準円直径を d_g とすると P は

$$P = \frac{2T}{nd_g} \tag{9.6}$$

で求められる。図9.5に示すように内径側のリブから基準円までの距離を L とすると

$$L = \frac{1}{2}(d_g - d_1) = \frac{d_g}{2} - \frac{d_0}{2} - h_2 \tag{9.7}$$

で求められ、曲げモーメント $=PL$ となる。また断面係数は、表6.1から十字型の断面係数 $=(BH^3+bh^3)/6H$ が与えられるので、曲げ応力 σ は

$$\sigma = \frac{6PLH}{BH^3 + bh^3} \tag{9.8}$$

となる。計算された σ が材料の許容曲げ応力 σ_b と比較して小さいかどうか検討を行う。

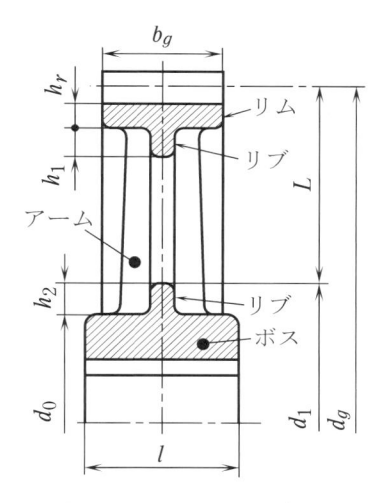

図9.5 リム，リブの寸法記号

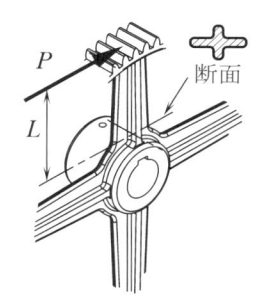

図9.7 アームの強度

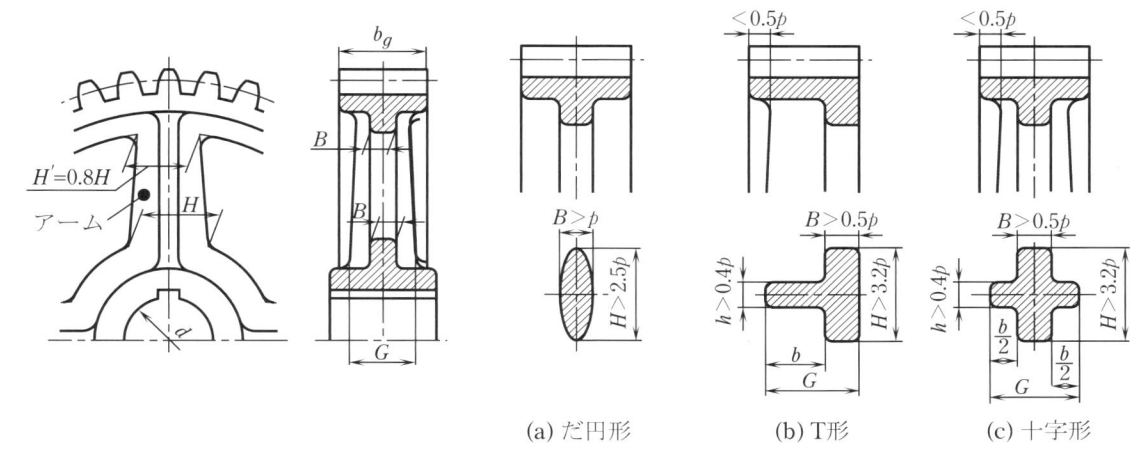

(a) だ円形　　(b) T形　　(c) 十字形

図9.6 アームの断面形状と寸法（p はピッチ）

〔津村利光閲序・大西 清：JISにもとづく機械設計製図便覧 第10版，理工学社（2001）〕

課題の計算：9.2　中間軸大歯車の寸法

中間軸大歯車の形状は図4.1のようにする。

（1）リブとリムの設計

中間軸大歯車のモジュール$m=5$であるから，ピッチpは

$$p = \pi m = \pi \times 5 = 15.7 \text{ (mm)}$$

式（9.2）～（9.4）より

$$h_r = (0.5 \sim 0.7) \times 15.7 = 7.85 \sim 11.0 \text{ (mm)}$$
$$\rightarrow h_r = 8.75 \text{ (mm)}$$
$$h_1 = (0.5 \sim 0.7) \times 15.7 = 7.85 \sim 11.0 \text{ (mm)}$$
$$\rightarrow h_1 = 10.0 \text{ (mm)}$$
$$h_2 \geq 0.5 \times 15.7 = 7.85 \text{ (mm)}$$
$$\rightarrow h_2 = 10.0 \text{ (mm)}$$

とする。

（2）アームの設計

アームの本数nは，表4.5より歯先円直径が$d_a = 360$ (mm) なので，式（9.5）より

$$n = \left(\frac{1}{3} \sim \frac{1}{6}\right)\sqrt{360} = 3.2 \sim 6.3 \text{ (本)} \rightarrow n = 4 \text{ (本)}$$

とする。

アームの形状は，図9.6より十字形とする。図中の

$$B > 0.5p = 0.5 \times 15.7 = 7.85 \text{ (mm)}$$
$$\rightarrow B = 8 \text{ (mm)}$$
$$H > 3.2p = 3.2 \times 15.7 = 50.3 \text{ (mm)}$$
$$\rightarrow H = 52 \text{ (mm)}$$
$$h > 0.4p = 0.4 \times 15.7 = 6.28 \text{ (mm)}$$
$$\rightarrow h = 8 \text{ (mm)}$$

とする。

（3）ボスの設計

図8.12にボス寸法は決定されている。ボスの直径d_0は中間軸の軸径dが46 (mm) なので，式（9.1）より

$$d_0 = (1.5 \sim 2.0) \times 46 + 5 = 74 \sim 97 \text{ (mm)}$$
$$\rightarrow d_0 = 85 \text{ (mm)}$$

とする。

（4）アームの強さ

アームの強度の検証を行う。ブレーキ作動時には中間軸大歯車にはトルクは働かないため，巻き上げ時のトルクを考える。式（4.3）より$T = T_2 = 6.98 \times 10^5$ (N·mm)，表4.5より基準円直径$d_g = 350$ (mm) より，アーム1本あたりに作用する力Pは，式（9.6）より

$$P = \frac{2 \times 6.98 \times 10^5}{4 \times 350} = 9.98 \times 10^2 \text{ (N)}$$

となる。内径側のリブから基準円までの距離Lは，式（9.7）より

$$L = \frac{350}{2} - \frac{85}{2} - 10 = 122.5 \text{ (mm)}$$

とし，図9.6（c）に示される寸法$G = 28$ (mm) とすると，$b = G - B = 28 - 8 = 20$ (mm) となるから，式（9.8）より曲げ応力σは

$$\sigma = \frac{6 \times 9.98 \times 10^2 \times 122.5 \times 52}{8 \times 52^3 + 20 \times 8^3} = 33.6 \text{ (MPa)}$$

となる。中間軸大歯車の材料は鋳鋼SC410なので，許容曲げ応力σ_bは表1.5より鋳鋼，曲げ荷重が働く場合の片振り繰り返し荷重の値から，$\sigma_b = 50 \sim 80$ (MPa) となる。範囲内の最大値をとり，$\sigma_b = 80$ (MPa) とすると$\sigma < \sigma_b$で安全である。

図9.8に中間軸大歯車の計画図を示す。

※歯車の材料がFC200などの鋳鉄の場合，表1.5に曲げ荷重が働く場合の許容曲げ応力σ_bの鋳鉄の値が記されていないので，引張荷重が働く場合の許容引張荷重σ_tを代用する。例えば，片振り繰り返し荷重の項の許容引張荷重σ_tを代用する場合$\sigma_b = 20$ (MPa) とする。$\sigma < \sigma_b$にならない場合は，アーム寸法Hを大きくするか材料を鋳鋼にする。

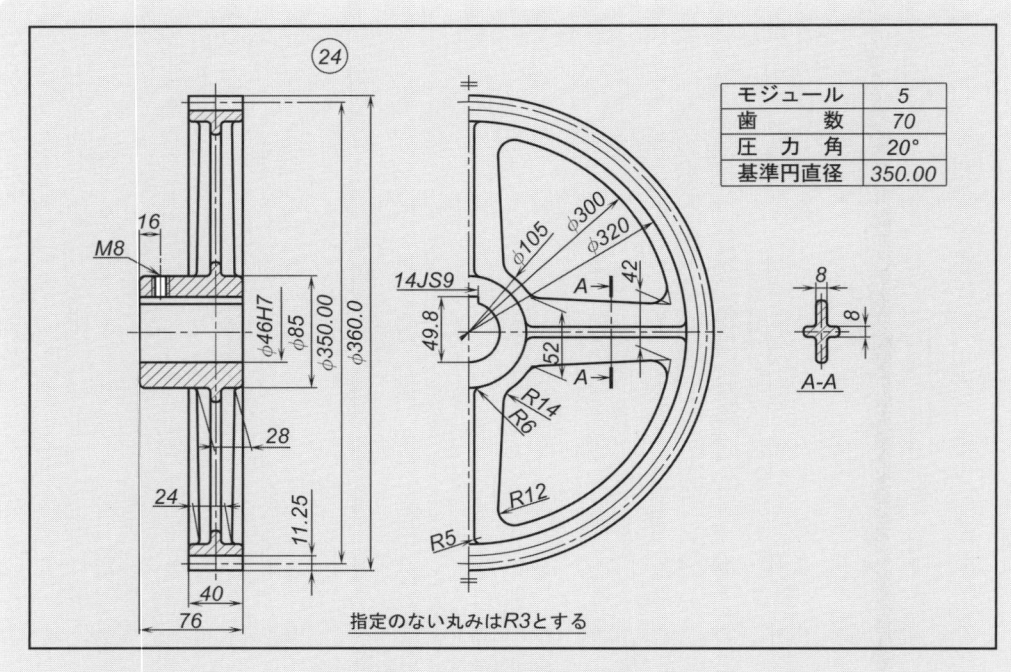

図9.8　中間軸大歯車の計画図

9.3 巻胴軸大歯車の寸法

歯車外径が大きいのでアーム形状とする。前節の中間軸大歯車の寸法（1）～（4）と同様にアーム寸法を決める。

課題の計算：9.3 巻胴軸大歯車の寸法

巻胴軸大歯車の形状は図4.1のようにする。

（1）リブとリムの設計

巻胴軸大歯車のモジュール$m=8$なのでピッチpは
$$p=\pi m=\pi \times 8=25.1 \,[\text{mm}]$$
式（9.2），（9.3）より
$$h_r=(0.5 \sim 0.7) \times 25.1=12.6 \sim 17.6 \,[\text{mm}]$$
$$\rightarrow h_r=15 \,[\text{mm}]$$
$$h_1=(0.5 \sim 0.7) \times 25.1=12.6 \sim 17.6 \,[\text{mm}]$$
$$\rightarrow h_1=15 \,[\text{mm}]$$
とする。図9.5に示される内径側のリブの位置の直径$d_1(=d_0+2h_2)$は，巻胴と巻胴軸大歯車の取付けボルトの基準円直径D_cよりも大きくなければならない。8.3節の（3）より$D_c=360 \,[\text{mm}]$，ボルト穴径は13[mm]であるので，内径側のリブの位置の直径$d_1=420 \,[\text{mm}]$とする。

（2）アームの設計

アームの本数nは，表4.5より歯先円直径が$d_a=744 \,[\text{mm}]$なので，式（9.5）より
$$n=\left(\frac{1}{3} \sim \frac{1}{6}\right)\sqrt{744}=4.5 \sim 9.1 \,[\text{本}] \rightarrow n=8 \,[\text{本}]$$
アームの形状は，図9.6からT字形とする。図中の
$$B>0.5p=0.5 \times 25.1=12.6 \,[\text{mm}]$$
$$\rightarrow B=13 \,[\text{mm}]$$
$$H>3.2p=3.2 \times 25.1=80.4 \,[\text{mm}]$$
$$\rightarrow H=90 \,[\text{mm}]$$
$$h>0.4p=0.4 \times 25.1=10.1 \,[\text{mm}]$$
$$\rightarrow h=18 \,[\text{mm}]$$

（3）ボスの設計

ボスの直径d_0は巻胴軸のブシュの外径が70[mm]なので，式（9.1）より
$$d_0=(1.5 \sim 2.0) \times 70+5=110 \sim 145 \,[\text{mm}]$$
$$\rightarrow d_0=128 \,[\text{mm}]$$

（4）アームの強さ

アームの強度の検証を行う。ブレーキ作動時のトルクを考え，式（7.46）より$T=T_{3b}=5.70 \times 10^6 \,[\text{N} \cdot \text{mm}]$となる。表4.5より基準円直径$d_g=728 \,[\text{mm}]$から，アーム1本あたりに作用する力$P$は，式（9.6）より
$$P=\frac{2 \times 5.70 \times 10^6}{8 \times 728}=1.96 \times 10^3 \,[\text{N}]$$
となる。図9.5の距離Lは，式（9.7）より
$$L=\frac{1}{2}(728-420)=154 \,[\text{mm}]$$
とし，図9.6（b）に示される寸法Gを歯幅と同じ$G=64 \,[\text{mm}]$とすると，$b=G-B=64-13=51 \,[\text{mm}]$となるから，式（9.8）より曲げ応力$\sigma$は
$$\sigma=\frac{6 \times 1.96 \times 10^3 \times 154 \times 90}{13 \times 90^3+51 \times 18^3}=16.7 \,[\text{MPa}]$$
となる。巻胴軸大歯車の材料はFC200の鋳鉄であるが，表1.5に曲げ荷重が働く場合の許容曲げ応力σ_bの鋳鉄の値が記されていない。したがって引張荷重が働く場合の片振り繰り返し荷重の値から，許容引張応力σ_tを代用し，$\sigma_b=20 \,[\text{MPa}]$とする。$\sigma<\sigma_b$となるので安全である。

図9.9に巻胴軸大歯車の計画図を示す。歯車と巻胴とのはめあい部の直径は220g6[mm]とした。したがって図3.5について$D_3=220\text{H7} \,[\text{mm}]$に修正する。

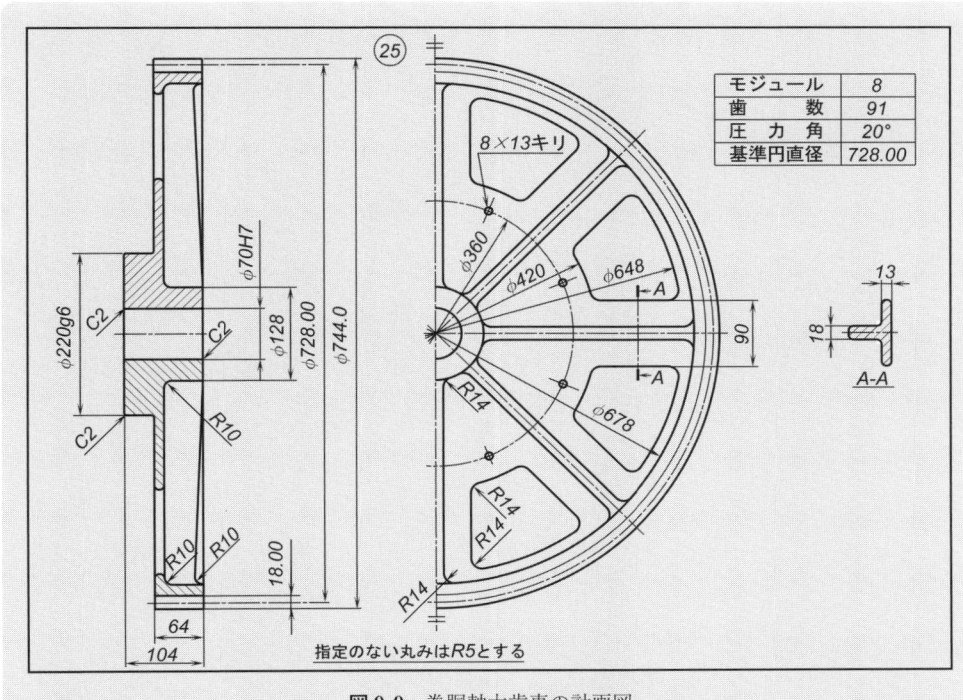

図9.9 巻胴軸大歯車の計画図

10章 ブレーキ周辺部品

　図10.1にブレーキ周辺部品を示す。5章においてブレーキ装置の諸元を決定した。この章では，図10.1に示されるブレーキドラム，バンド，ハンドル，ハンドル軸などのそれぞれの詳細寸法を決定する。

10.1 ブレーキドラムの寸法

（1）リブ，リム，アーム，ボスの寸法

　ブレーキドラムのリブ，リム，アーム，ボスの寸法を9.2節（1）～（4）にならって決める。ブレーキドラムには中間軸と同じトルクが作用するので，中間軸上の歯車の基準円を基準にする。

> **課題の計算：10.1　ブレーキドラムの寸法**
> 　ブレーキドラムの形状は図10.1のようにする。
> **（1）リブ，リム，アーム，ボスの寸法**
> 　ブレーキドラムには中間軸と同じトルクが作用するので，中間軸上の歯車でモジュールが大きい中間軸小歯車の基準円を基準にブレーキドラムの各寸法を決めることにする。中間軸小歯車のモジュール $m=8$ であるから，ピッチ p は
> $$p = \pi m = \pi \times 8 = 25.1 \text{ [mm]}$$
> 式（9.2）～（9.4）より
> $$h_r = (0.5 \sim 0.7) \times 25.1 = 12.6 \sim 17.6 \text{ [mm]}$$
> $$\to h_r = 15 \text{ [mm]}$$
> $$h_1 = (0.5 \sim 0.7) \times 25.1 = 12.6 \sim 17.6 \text{ [mm]}$$
> $$\to h_1 = 15 \text{ [mm]}$$
> $$h_2 \geqq 0.5 \times 25.1 = 12.6 \text{ [mm]}$$
> $$\to h_2 = 52.5 \text{ [mm]}$$
> アームの本数 n は d_a に5.1節（2）で求められた $D_v = 350$ [mm] を代入すると，式（9.5）より
> $$n = \left(\frac{1}{3} \sim \frac{1}{6}\right)\sqrt{350} = 3.1 \sim 6.2 \text{ [本]}$$
> $$\to n = 4 \text{ [本]}$$
> アームの形状は，図9.6よりT字形とする。図中の
> $$B > 0.5p = 0.5 \times 25.1 = 12.6 \text{ [mm]} \to B = 16 \text{ [mm]}$$
> $$H > 3.2p = 3.2 \times 25.1 = 80.4 \text{ [mm]} \to H = 82 \text{ [mm]}$$
> $$h > 0.4p = 0.4 \times 25.1 = 10.1 \text{ [mm]} \to h = 16 \text{ [mm]}$$

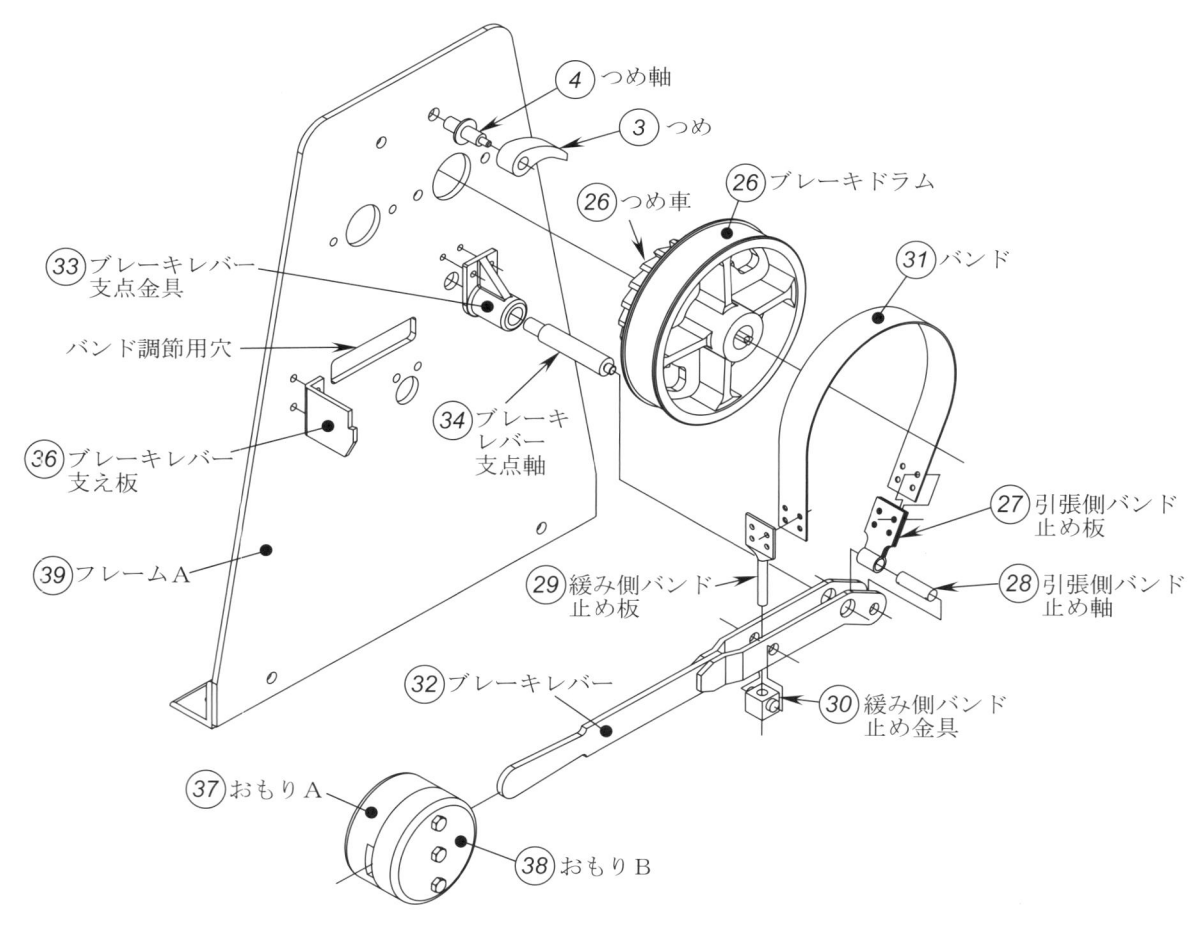

図10.1　ブレーキ周辺部品

つめ車と一体成形し，図 6.10 に示したようにつめ車とのすきまは 26 [mm] とする。ボスの直径 d_0 は中間軸の軸径 d が 46 [mm] なので，式 (9.1) より

$$d_0 = (1.5 \sim 2.0) \times 46 + 5 = 74 \sim 97 \text{ [mm]}$$
$$\rightarrow d_0 = 95 \text{ [mm]}$$

アームの強度の検証を行う。ブレーキ作動時のトルクを考え，式 (5.14) から $T = T_{2b} = 8.33 \times 10^5$ [N·mm] となる。$D_b = 350$ [mm] より，アーム 1 本あたりに作用する力 P は，式 (9.6) より

$$P = \frac{2 \times 8.33 \times 10^5}{4 \times 350} = 1.19 \times 10^3 \text{ [N]}$$

となる。内径側のリブから基準円までの距離 L は，式 (9.7) より

$$L = \frac{350}{2} - \frac{95}{2} - 52.5 = 75 \text{ [mm]}$$

図 9.6 (b) に示される寸法 $G = 82$ [mm] とすると，$b = G - B = 82 - 16 = 66$ [mm] となるから，式 (9.8) より曲げ応力 σ は

$$\sigma = \frac{6 \times 1.19 \times 10^3 \times 75 \times 82}{16 \times 82^3 + 66 \times 16^3} = 4.83 \text{ [MPa]}$$

となる。ブレーキドラムの材料は FC200 なので表 1.1 の鋳鉄であるが，表 1.5 に曲げ荷重が働く場合の許容曲げ応力 σ_b の鋳鉄の値が記されていない。したがって引張荷重が働く場合の片振り繰り返し荷重の値から，許容引張応力 σ_t を代用し，$\sigma_b = 20$ [MPa] とする。$\sigma < \sigma_b$ となるので安全である。

図 10.2 にブレーキドラム・つめ車の計画図を示す。

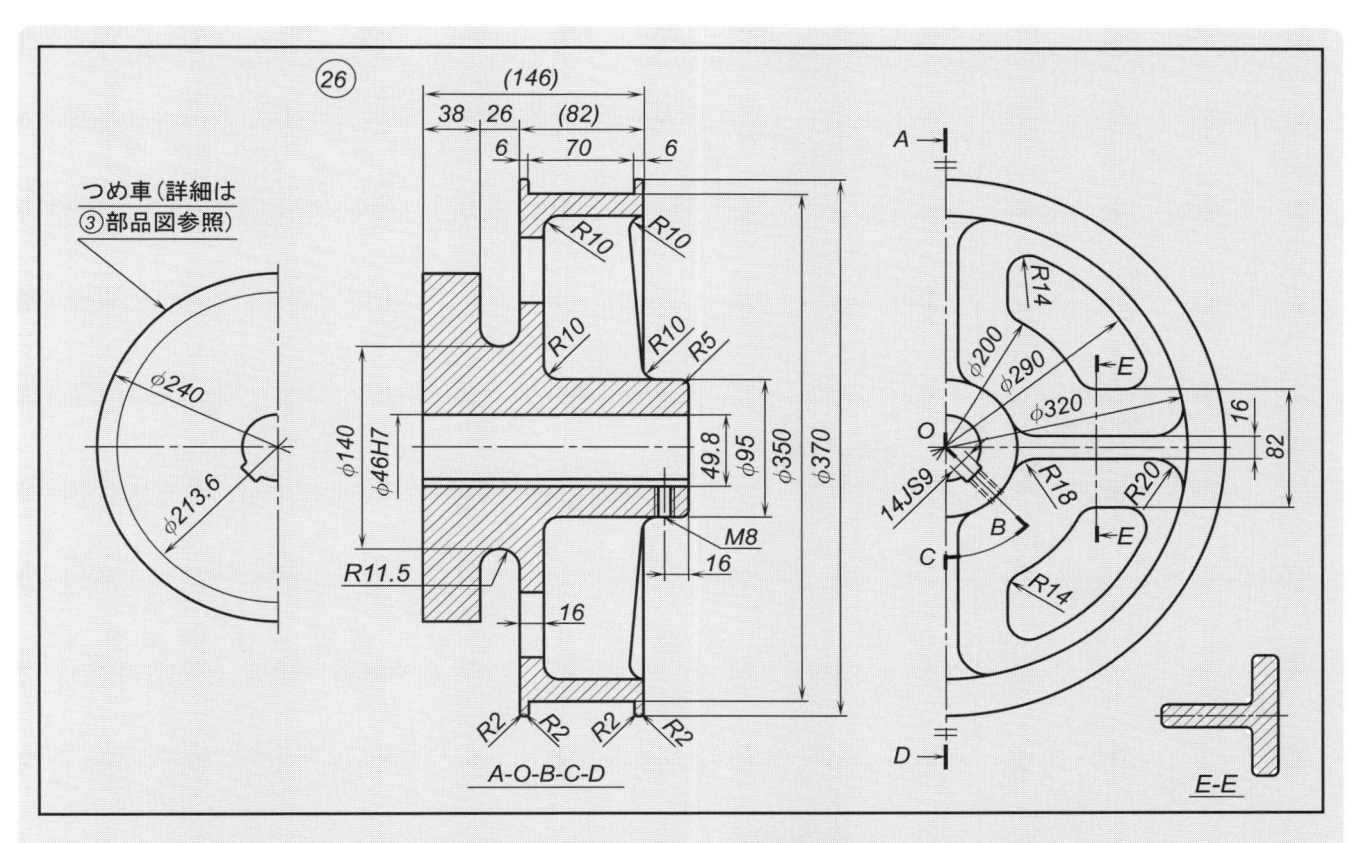

図 10.2 ブレーキドラム・つめ車の計画図

10.2 バンド・止め板・止め軸

（1）引張側止め板の寸法

引張側バンド止め板と止め軸を図10.3に示す。引張側の張力P_1は，式(5.11)より求められる。止め板はバンドを挟み込む構造にするので片側に$P_1/2$の張力が作用することになる。バンドを止め板にボルトn本で固定する場合，ボルトの谷の径をd_1とするとボルトに作用するせん断応力τは

$$\tau = \frac{P_1}{2n\dfrac{\pi d_1^2}{4}} \tag{10.1}$$

となるから，許容せん断応力をτ_aとするとボルトの谷の径d_1は

$$d_1 \geqq \sqrt{\frac{2P_1}{\pi n \tau_a}} \tag{10.2}$$

により求められる。この式によりボルトの呼び径を決定し，表3.4より穴径を決定する。

止め板の厚さを求める。幅の最も小さい値をb_s，止め板の厚さをt_1とすると，止め板に生じる引張応力は

$$\sigma = \frac{P_1}{2t_1 b_s} \tag{10.3}$$

であるから，止め板の材料の許容引張応力をσ_tとすると

$$t_1 \geqq \frac{P_1}{2 b_s \sigma_t} \tag{10.4}$$

により厚さtが求められる。

（2）引張側止め軸の軸径

図10.3に示すように止め軸に分布荷重が作用すると考えると，最大曲げモーメントMは分布荷重をw，長さをlとすると

$$M = \frac{1}{8}wl^2 = \frac{1}{8}P_1 l \tag{10.5}$$

止め軸の直径をdとすると表6.1から断面係数$=\pi d^3/32$が与えられるので，曲げ応力σは以下のように与えられる。

$$\sigma = \frac{4P_1 l}{\pi d^3} \tag{10.6}$$

許容曲げ応力をσ_bとするとdはつぎの式により求められる。

$$d \geqq \sqrt[3]{\frac{4P_1 l}{\pi \sigma_b}} \tag{10.7}$$

（3）緩み側止め板の寸法

緩み側止め板はバンドの長さの調節ができるよう図10.4に示す形状にし，調整ボルトをダブルナットで固定する。緩み側の張力P_2は，式(5.12)より求められる。バンドを止め板にボルトn本で固定する場合，ボルトの谷の径をd_1とするとボルトに作用するせん断応力τは

$$\tau = \frac{P_2}{n\dfrac{\pi d_1^2}{4}} \tag{10.8}$$

となるから，ボルトの谷の径d_1は許容せん断応力をτ_aとすると

$$d_1 \geqq \sqrt{\frac{4P_2}{\pi n \tau_a}} \tag{10.9}$$

により求められる。この式によりボルトの呼び径を決定し，表3.4から穴径を決定する。

止め板の厚さを求める。幅の最も小さい値をb_s，止め板の厚さをt_2とすると，止め板に生じる引張応力は

$$\sigma = \frac{P_2}{t_2 b_s} \tag{10.10}$$

であるから，止め板の材料の許容引張応力をσ_tとすると

$$t_2 \geqq \frac{P_2}{b_s \sigma_t} \tag{10.11}$$

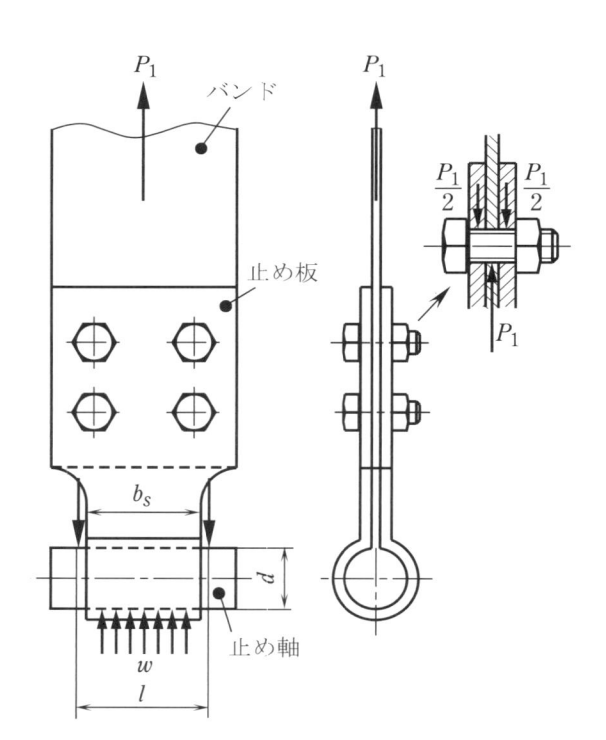

図10.3 引張側バンド止め板とバンド止め軸

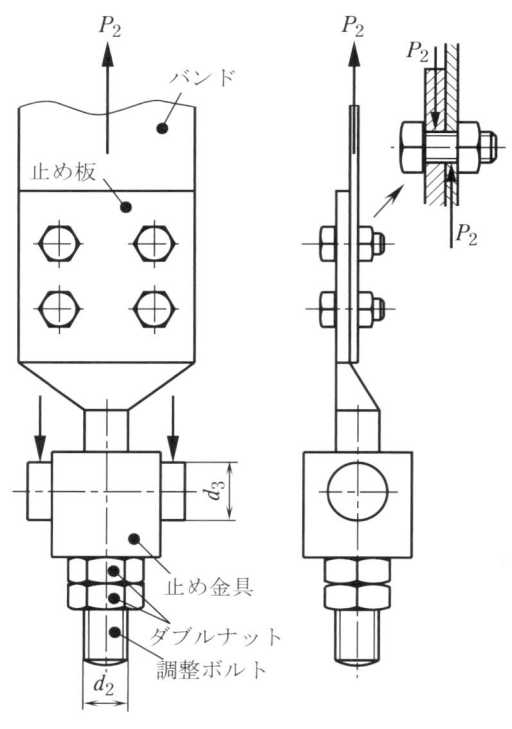

図10.4 緩み側バンド止め板とバンド止め金具

より厚さ t_2 が求められる。

調整ボルトの呼び径を求める。調整ボルトの谷の径を d_2 とすると調整ボルトに生じる引張応力は

$$\sigma = \frac{4P_2}{\pi d_2^2} \quad (10.12)$$

であるから，調整ボルトの材料の許容引張応力を σ_t とすると

$$d_2 \geqq \sqrt{\frac{4P_2}{\pi \sigma_t}} \quad (10.13)$$

より谷の径 d_2 が求められる。

（4）緩み側止め金具の軸径

式（10.7）と同じ方法で求めればよいが，緩み側の張力 P_2 は引張側の張力 P_1 より小さいので，（2）で求めた引張側止め軸の軸径と同じにすれば安全である。

（5）バンドの厚さ，長さ

5.1節（3）で決定したバンドの厚さ t を検証する。バンドには引張側で大きな張力が作用するので，引張側止め板との結合部の強度を考える。結合部において，バンドの幅から穴の部分を引いた寸法を b_s とすると，バンドに生じる引張応力は

$$\sigma = \frac{P_1}{tb_s} \quad (10.14)$$

である。この引張応力がバンドの材料の許容引張応力以下でなければならない。

バンドの長さを計算する。図10.5にブレーキ装置の寸法記号を示す。図からバンドの長さ L_b は

$$L_b = \left(\frac{D_v + t}{2}\right)\theta + h + s - h_1 - s_1 \quad (10.15)$$

となる。ここで s は

$$s = \left(\frac{D_v}{2} - l_1\right)\frac{1}{\tan\varphi} \quad (10.16)$$

から求められ，h，h_1，s_1 を決定しバンドの長さ L_b を求める。

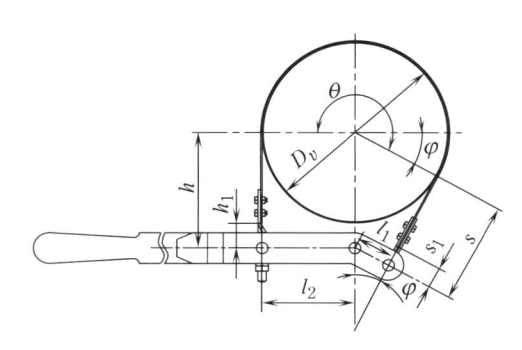

図10.5 ブレーキ装置の寸法記号

課題の計算：10.2 バンド・止め板・止め軸

ブレーキ周辺部品の構成は図10.1のようにする。

（1）引張側止め板の寸法

引張側の張力 P_1 は，式（5.11）より $P_1 = 9.23 \times 10^3$ 〔N〕である。バンドを止め板にボルト4本で固定するとし，ボルトの許容せん断応力 τ_a は表1.5より軟鋼，せん断荷重が働く場合の片振り繰り返し荷重の値から，$\tau_a = 48 \sim 80$ 〔MPa〕となる。ブレーキの片振り荷重の繰り返し頻度は少ないと考えられるので，範囲内の最大値をとり，$\tau_a = 80$ 〔MPa〕とすると，ボルトの谷の径 d_1 は，式（10.2）より以下のようになる。

$$d_1 \geqq \sqrt{\frac{2 \times 9.23 \times 10^3}{\pi \times 4 \times 80}} = 4.28 \text{〔mm〕}$$

表3.2から余裕をみてM8のボルトを使用する。穴径は表3.4から 9 〔mm〕とする。

5.1節（3）からバンドの幅 $b = 65$ 〔mm〕であるので，止め板の幅も 65 〔mm〕にする。止め板の材料をSS400とし，許容引張応力 σ_t は表1.5より軟鋼，引張荷重が働く場合の片振り繰り返し荷重の値から，$\sigma_t = 60 \sim 100$ 〔MPa〕となる。範囲内の最大値をとり，$\sigma_t = 100$ 〔MPa〕とする。図10.3に示すブレーキレバーの幅 l は図6.10から巻胴に干渉しないように $l = 46$ 〔mm〕とする。後に出てくるが，図10.13に示すブレーキレバーの厚さ $t_l = 10$ 〔mm〕とし，$b_s = 35$ 〔mm〕とすると，止め板の厚さ t_1 は，式（10.4）より

$$t_1 \geqq \frac{9.23 \times 10^3}{2 \times 35 \times 100} = 1.31 \text{〔mm〕} \rightarrow t_1 = 4 \text{〔mm〕}$$

とする。

図10.6に引張側バンド止め板の計画図を示す。

（2）引張側止め軸の軸径

止め軸の材料をSS400とすると，許容曲げ応力 σ_b は表1.5より軟鋼，片振り繰り返し曲げ荷重が働く場合の値から，$\sigma_b = 60 \sim 100$ 〔MPa〕となる。範囲内の最大値をとり，$\sigma_b = 100$ 〔MPa〕とし，$l = 46$ 〔mm〕であるので，止め軸の直径 d は，式（10.7）より

$$d \geqq \sqrt[3]{\frac{4 \times 9.23 \times 10^3 \times 46}{\pi \times 100}} = 17.5 \text{〔mm〕}$$
$$\rightarrow d = 22 \text{〔mm〕}$$

とする。

図10.7に引張側バンド止め軸の計画図を示す。

（3）緩み側止め板の寸法

緩み側の張力 P_2 は式（5.12）より

$$P_2 = \frac{9.23 \times 10^3}{2.066} = 4.47 \times 10^3 \text{〔N〕}$$

バンドを止め板にボルト4本で固定するとし，ボルトの許容せん断応力 τ_a は表1.5より軟鋼，せん断荷重が働く場合の片振り繰り返し荷重の値から $\tau_a = 80$ 〔MPa〕とすると，ボルトの谷の径 d_1 は，式（10.9）より

$$d_1 \geqq \sqrt{\frac{4 \times 4.47 \times 10^3}{\pi \times 4 \times 80}} = 4.22 \text{〔mm〕}$$

表3.2より余裕をみてM8のボルトを使用する。穴径は表3.4より 9 〔mm〕とする。

バンドの幅 $b = 65$ 〔mm〕であるので，止め板の幅も 65 〔mm〕にする。止め板の材料をSF390Aとし，許容引張応力 σ_t は表1.5より軟鋼，引張荷重が働く場合の片振り繰り返し荷重の値から $\sigma_t = 100$ 〔MPa〕，止め板の幅から穴の部分を引いた寸法を

$$b_s = 65 - 9 - 9 = 47 \text{〔mm〕}$$

とすると，止め板の厚さ t_2 は，式（10.11）より

$$t_2 \geqq \frac{4.47 \times 10^3}{47 \times 100} = 0.95 \text{〔mm〕} \rightarrow t_2 = 5 \text{〔mm〕}$$

とする。

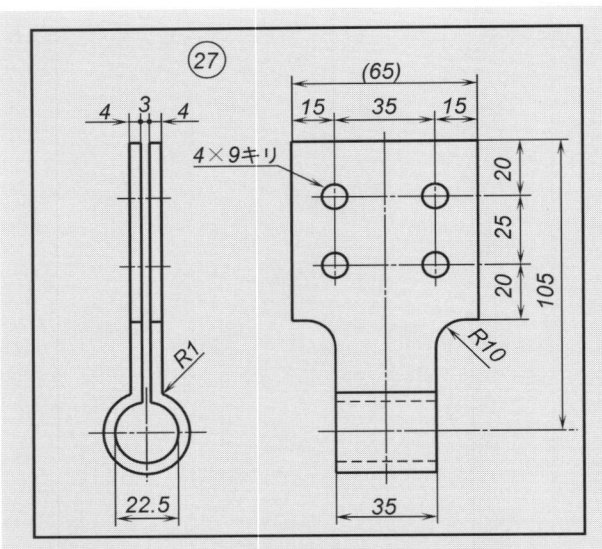

図 10.6 引張側バンド止め板の計画図

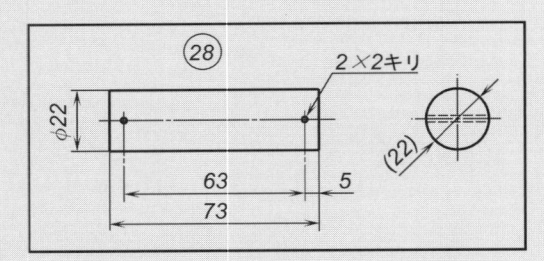

図 10.7 引張側バンド止め軸の計画図

調整ボルトの許容引張応力 $\sigma_t = 100$ [MPa] とすると，谷の径 d_2 は式 (10.13) より

$$d_2 \geqq \sqrt{\frac{4 \times 4.47 \times 10^3}{\pi \times 100}} = 7.54 \text{ [mm]}$$

表 3.2 より余裕をみて M16 のボルトを使用する。

図 10.8 に緩み側バンド止め板の計画図を示す。

(4) 緩み側止め金具の軸径

引張側止め軸の軸径と同じ $d_3 = 22$ [mm] とする。

図 10.9 に緩み側バンド止め金具の計画図を示す。

(5) バンドの厚さ，長さ

バンドの幅から穴の部分を除いた寸法は $b_s = 65 - 9 - 9 = 47$ [mm] となる。厚さ t は 5.1 節 (3) で $t = 3$ [mm] とした。引張応力 σ は，式 (10.14) より以下のようになる。

$$\sigma = \frac{9.23 \times 10^3}{3 \times 47} = 65.5 \text{ [MPa]}$$

バンドの材料は SPHC であるから，許容引張応力 σ_t は表 1.5 より軟鋼，引張り荷重が働く場合の片振り繰り返し荷重の値から $\sigma_t = 100$ [MPa] とすると，求められた σ は σ_t より小さいので厚さ $t = 3$ [mm] でよいことがわかる。もし，求められた σ が許容応力より大きい場合，厚さ t を大きくして計算をしなおす。

つぎにバンドの長さを計算する。5.1 節 (2)，(4) より $D_v = 350$ [mm]，$l_1 = 70$ [mm]，$\varphi = 27.8$ [°] であるから s は式 (10.16) より以下のようになる。

$$s = \left(\frac{350}{2} - 70\right) \frac{1}{\tan 27.8°} = 199 \text{ [mm]}$$

$\theta = 3.63$ [rad]（$= 207.8$ [°]），$h = 225$ [mm] であり，$h_1 = 48$ [mm]，$s_1 = 40$ [mm] とすると，バンドの長さ L_b は，式 (10.15) より

$$L_b = \left(\frac{350 + 3}{2}\right) 3.63 + 225 + 199 - 48 - 40$$
$$= 976 \text{ [mm]}$$

となる。

図 10.10 にバンドの計画図を示す。

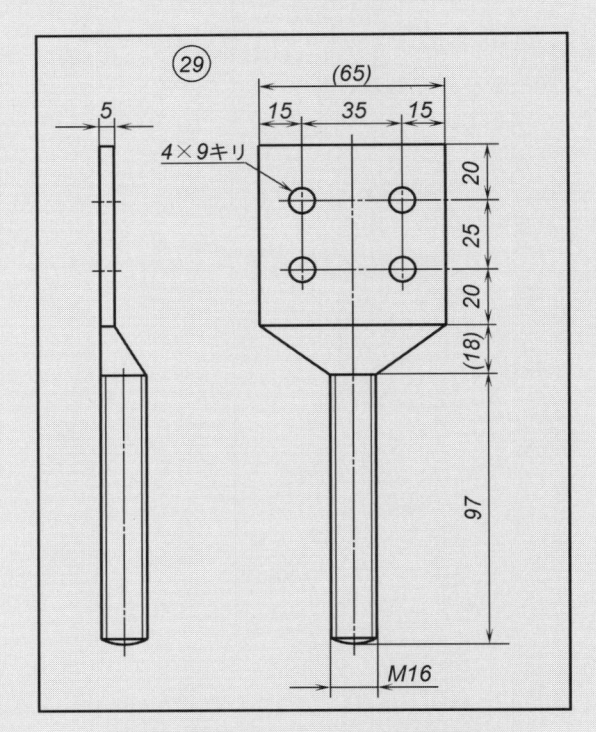

図 10.8 緩み側バンド止め板の計画図

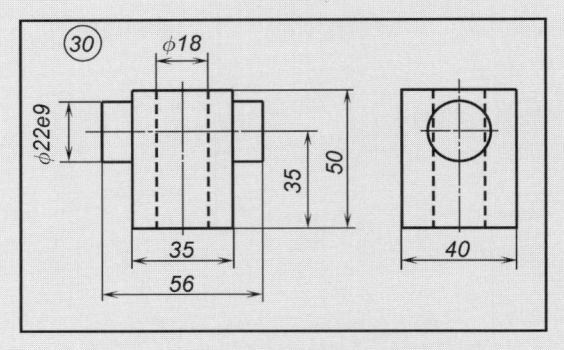

図 10.9 緩み側バンド止め金具の計画図

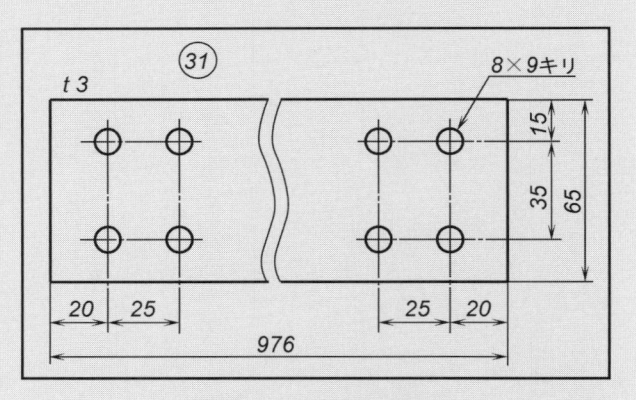

図 10.10 バンドの計画図

10.3 ブレーキレバー・支点軸・支持金具・支え板・おもり

(1) ブレーキレバー支点軸の軸径

ブレーキレバーは図 10.1 および図 10.11 に示すようにブレーキレバー支点軸によって支えられる。ブレーキレバーに作用する力を図 10.12 に示す。垂直方向および水平方向の力のつりあいから

$$P_{SV} = P_{1V} + P_2 - F_b \tag{10.17}$$
$$P_{SH} = P_{1H} \tag{10.18}$$

であり，P_S は

$$P_S = \sqrt{P_{SV}^2 + P_{SH}^2} \tag{10.19}$$

により求められる。

ブレーキレバーは安定のため，ふたまた形状とする。ブレーキレバー支点軸に作用する力を図 10.13 に示す。支点軸には図のように $P_S/2$ の上向きの二つの集中荷重が作用する。6.2 節と同様に，支点軸の変形が曲げ変形の場合とせん断変形の場合のそれぞれについて強度計算し，軸径を求める。

支点軸が曲げ変形すると考える。支持金具から荷重点までの距離を s_1，s_2 とすると支点軸に作用する最大曲げモーメントは根元で生じ

$$M = \frac{P_S}{2} s_1 + \frac{P_S}{2} s_2 \tag{10.20}$$

であるから，支点軸の軸径を d とすると，曲げ応力 σ は

$$\sigma = \frac{32M}{\pi d^3} = \frac{16 P_S (s_1 + s_2)}{\pi d^3} \tag{10.21}$$

したがって，許容曲げ応力を σ_b とすると，軸径 d は

$$d \geq \sqrt[3]{\frac{16 P_S (s_1 + s_2)}{\pi \sigma_b}} \tag{10.22}$$

により求められる。

支点軸がせん断変形すると考える。せん断応力 τ は

$$\tau = \frac{4 P_S}{\pi d^2} \tag{10.23}$$

許容曲げ応力を τ_a とすると軸径 d は

$$d \geq \sqrt{\frac{4 P_S}{\pi \tau_a}} \tag{10.24}$$

により求められる。式 (10.22) と式 (10.24) よりそれぞれ軸径を求め，大きい方を採用する。

(2) ブレーキレバーの寸法

ブレーキレバーには図 10.12 に示すように力 F，P_S，P_1，P_2 が作用するので曲げ変形する。最大曲げモーメントは支点軸の位置で生じるので，支点軸の位置の曲げ強度を考える。最大曲げモーメントの値は

$$M = P_1 l_1 \tag{10.25}$$

である。図 10.13 に示すようにブレーキレバーの厚さを t_l，高さを h_l とすると，支点軸の位置の穴空き板 2 枚の断面係数は表 6.1 より

$$Z = \frac{t_l (h_l^3 - d^3)}{3 h_l} \tag{10.26}$$

であるから，曲げ応力 σ は

$$\sigma = \frac{M}{Z} = \frac{3 P_1 l_1 h_l}{t_l (h_l^3 - d^3)} \tag{10.27}$$

したがって，計算される曲げ応力 σ が許容曲げ応力 σ_b より小さくなるように，厚さ t_l と高さ h_l を決定する。

(3) ブレーキレバー支持金具

ブレーキレバー支点軸はフレームに固定されたブレーキレバー支持金具によって支えられる。支点軸には上向きに力が作用するので，支持金具は上部にボルト 2 本を用いてフレームに固定する。強度計算は省略する。

(4) ブレーキレバー支え板

ブレーキを働かせないときは支え板にブレーキレバーを引っかけるようにする。支え板はブレーキレバーが水平になるように設計し設置する。

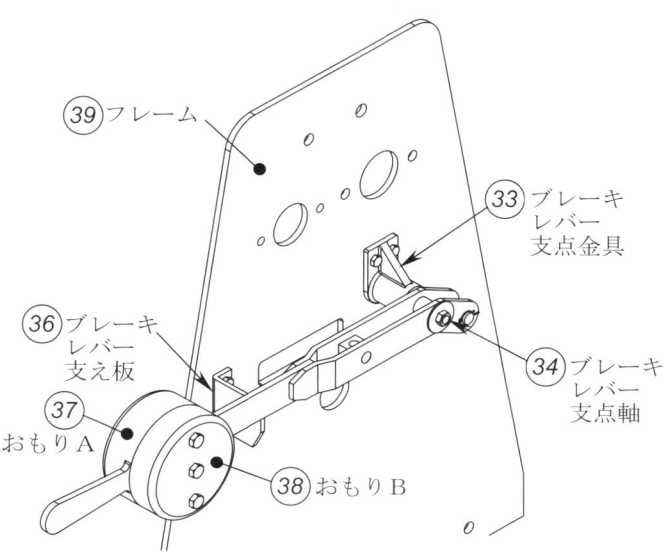

図 10.11 ブレーキレバー周辺部品

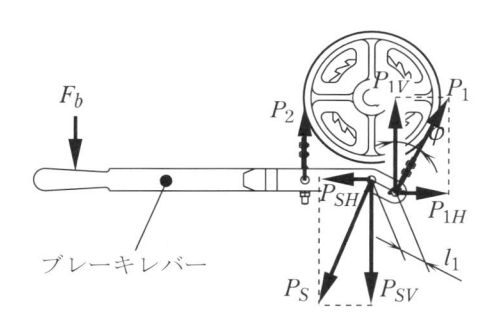

図 10.12 ブレーキレバーに作用する力

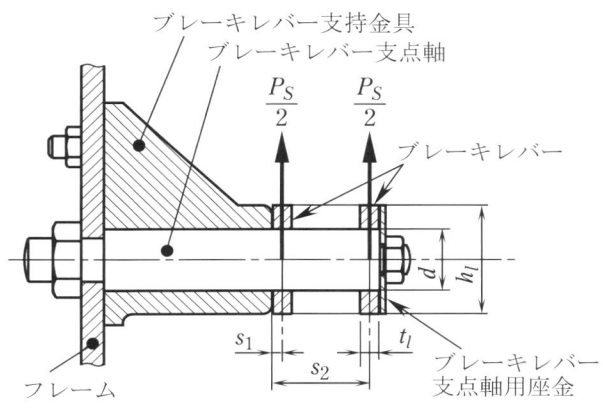

図 10.13 ブレーキレバー支点軸に作用する力

（5）おもり

ブレーキレバーにおもりを設置し，人力に相当する重力がレバーに働くようにする。おもり取り付け位置および寸法記号を**図10.14**のようにする。支点軸回りのモーメントから

$$W = \frac{F_b l_0}{l_W} \tag{10.28}$$

おもりの密度をγ，直径をd_W，厚さをt_Wとすると

$$W = \frac{\pi d_W^2}{4} t_W \gamma g \tag{10.29}$$

であるから，直径d_Wを決定すれば厚さt_Wは

$$t_W = \frac{4W}{\pi \gamma g d_W^2} \tag{10.30}$$

により求められる。

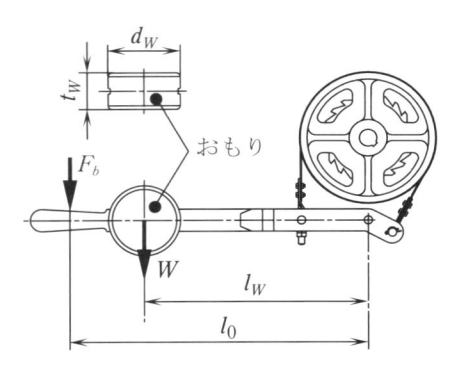

図10.14 おもり取り付け位置および寸法記号

課題の計算：10.3 ブレーキレバー・支点軸・支持金具・支え板・おもり

ブレーキ周辺部品の構成は図10.1のようにする。

（1）ブレーキレバー支点軸の軸径

引張側の張力P_1の垂直方向分力P_{1V}および水平方向分力P_{1H}を求める。角度φは，式(5.15)より

$$\varphi = \sin^{-1}\left(\frac{175-70}{225}\right) = 0.486 \text{[rad]} (=27.8\text{[°]})$$

であり，P_1は式(5.11)より$P_1 = 9.23 \times 10^3$[N]であるから

$$P_{1V} = 9.23 \times 10^3 \times \cos 27.8° = 8.16 \times 10^3 \text{[N]}$$
$$P_{1H} = 9.23 \times 10^3 \times \sin 27.8° = 4.31 \times 10^3 \text{[N]}$$

となる。緩み側の張力P_2は式(5.12)より$P_2 = 4.47 \times 10^3$[N]，ブレーキレバーに加える力は，式(5.13)より$F_b = 194.1$[N]であるから，P_Sの垂直方向分力P_{SV}および水平方向分力P_{SH}は，式(10.17), (10.18)より

$$P_{SV} = 8.16 \times 10^3 + 4.47 \times 10^3 - 194.1 = 1.24 \times 10^4 \text{[N]}$$
$$P_{SH} = 4.31 \times 10^3 \text{[N]}$$

したがって式(10.19)より

$$P_S = \sqrt{(1.24 \times 10^4)^2 + (4.31 \times 10^3)^2}$$
$$= 1.32 \times 10^4 \text{[N]}$$

となる。

支点軸の径を求める前に，各部品の寸法を仮決定する。**図10.15**に示すように，ブレーキレバーと支点金具および座金との間にそれぞれ0.5[mm]のすきまを設ける。ブレーキレバーの厚さt_lを10[mm]と仮定し，図10.13の$s_1 = 5.5$[mm]，$s_2 = 51.5$[mm]と仮定し，支点軸の径を求める。

まず，支点軸が曲げ変形すると考える。支点軸の材料をS50Cとすると許容曲げ応力σ_bは表1.5より硬鋼，曲げ荷重が働く場合の片振り繰り返し荷重の値から，$\sigma_b = 80 \sim 120$[MPa]となる。手巻きウインチは常時回転する機械ではなく，片振り荷重の繰り返し頻度は少ないと考えられるので，範囲内の最大値をとり，$\sigma_b = 120$[MPa]とすると軸径dは，式(10.22)より

$$d \geq \sqrt[3]{\frac{16 \times 1.32 \times 10^4 \times (5.5 + 51.5)}{\pi \times 120}}$$
$$= 31.7 \text{[mm]}$$

となる。

つぎに，支点軸がせん断変形すると考える。許容せん断応力τ_aは表1.5より硬鋼，せん断荷重が働く場合の片振り繰り返し荷重の値から，$\tau_a = 64 \sim 96$[MPa]となる。範囲内の最大値をとり，$\tau_a = 96$[MPa]とすると軸径dは，式(10.24)より

$$d \geq \sqrt{\frac{4 \times 1.32 \times 10^4}{\pi \times 96}} = 13.2 \text{[mm]}$$

したがって，曲げ変形の式(10.22)より得られた値を採用し，支点軸の直径を$d \geq 31.7$[mm] → $d = 34$[mm]とする。

（2）ブレーキレバーの寸法

ブレーキレバーの厚さ$t_l = 10$[mm]，高さ$h_l = 60$[mm]と仮定する。$P_1 = 9.23 \times 10^3$[N]，5.1節(4)より$l_1 = 70$[mm]であるから，ブレーキレバーに生じる曲げ応力σは，式(10.27)より

$$\sigma = \frac{3 \times 9.23 \times 10^3 \times 70 \times 60}{10 \times (60^3 - 34^3)} = 65.8 \text{[MPa]}$$

となる。ブレーキレバーの材料はSS330とすると許容曲げ応力σ_bは表1.5より軟鋼，曲げ荷重が働く場合の片振り繰り返し荷重の値から，$\sigma_b = 60 \sim 100$[MPa]となり，範囲内の最大値をとり$\sigma_b = 100$[MPa]とすると$\sigma < \sigma_b$で安全である。σがσ_bより大きい場合は厚さt_l，高さh_lを大きくし，（1）から計算をし直す。

図10.16にブレーキレバーの計画図を示す。

（3）ブレーキレバー支持金具

図10.17にブレーキレバー支持金具の計画図を示す。また**図10.18**にブレーキレバー支点軸の計画図を，**図10.19**にブレーキレバー支点軸用座金の計画図を示す。

（4）ブレーキレバー支え板

図10.20にブレーキレバー支え板の計画図を示す。

（5）おもり

図10.14の支点軸からおもり中心までの距離$l_W = 500$[mm]とする。$F_b = 194.1$[N]，5.1節(4)より

10.3 ブレーキレバー・支点軸・支持金具・支え板・おもり 59

$l_0 = 700$ [mm] であるから，おもりの重量 W は，式 (10.28) より

$$W = \frac{194.1 \times 700}{500} = 271.7 \text{ [N]}$$

おもりの材料は鋳鉄とし密度 $\gamma = 7.2 \times 10^{-6}$ [kg/mm³]，おもりの直径 $d_W = 200$ [mm]，$g = 9.8$ [m/s²] とすると，厚さ t_W は式 (10.30) より

$$t_W = \frac{4 \times 271.7}{\pi \times 7.2 \times 10^{-6} \times 9.8 \times 200^2} = 122.6 \text{ [mm]}$$

よって t_W は 123 [mm] とする。

図 **10.21** におもりの計画図を示す。おもりは二つの部品から組み立てる構造とする。真ん中のボルトの締め付けによりハンドルに固定する。

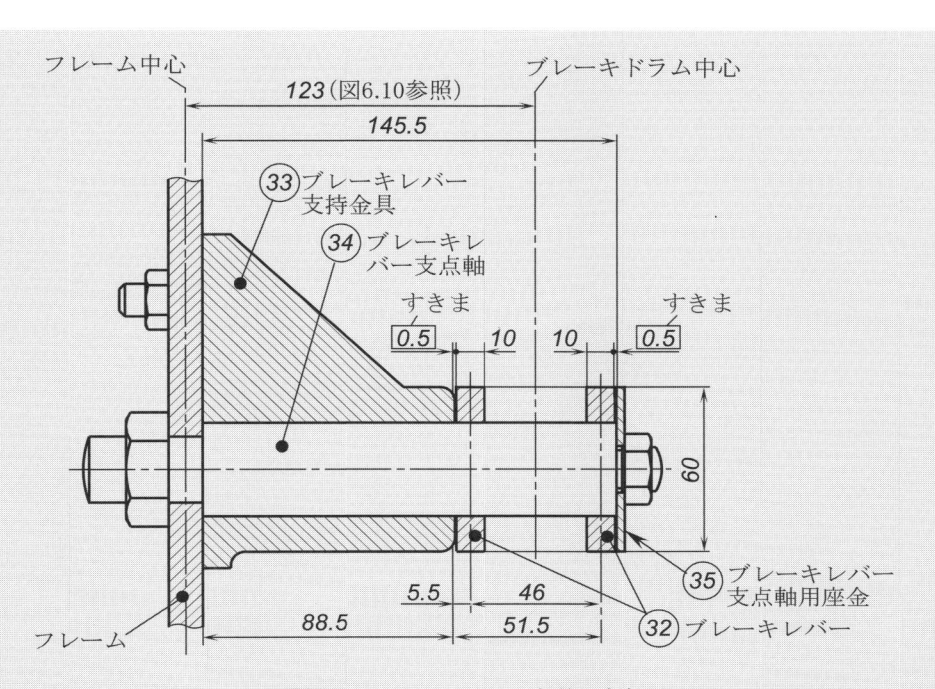

図 **10.15** ブレーキレバー部品の寸法

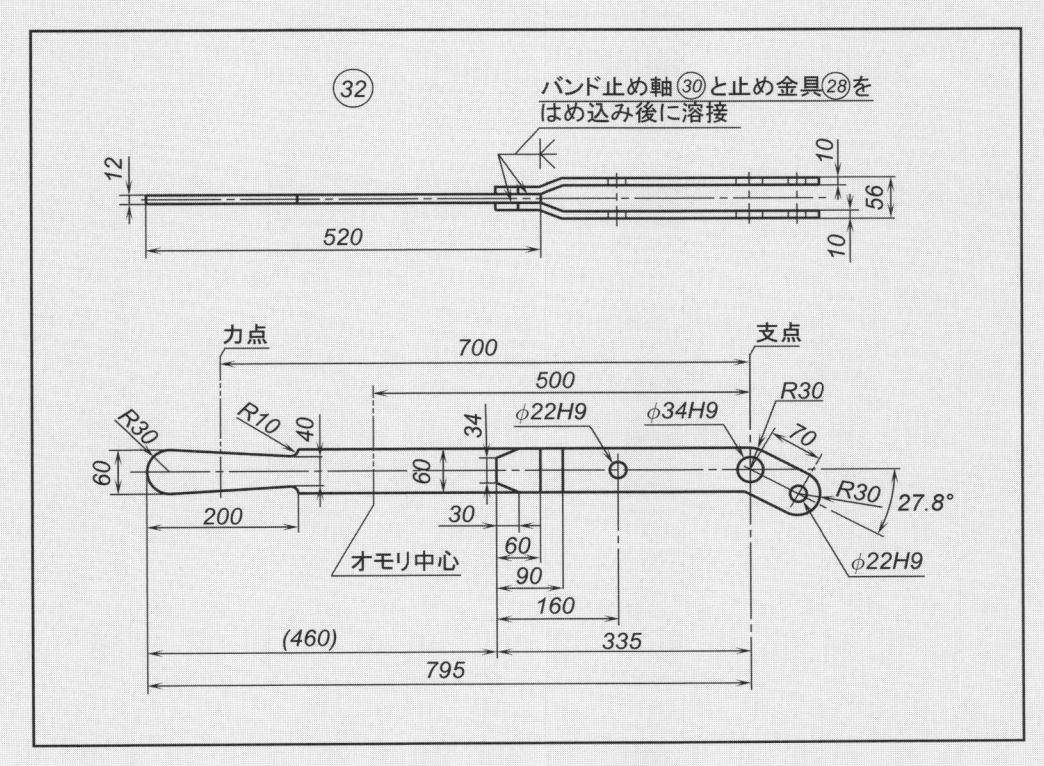

図 **10.16** ブレーキレバーの計画図

10. ブレーキ周辺部品

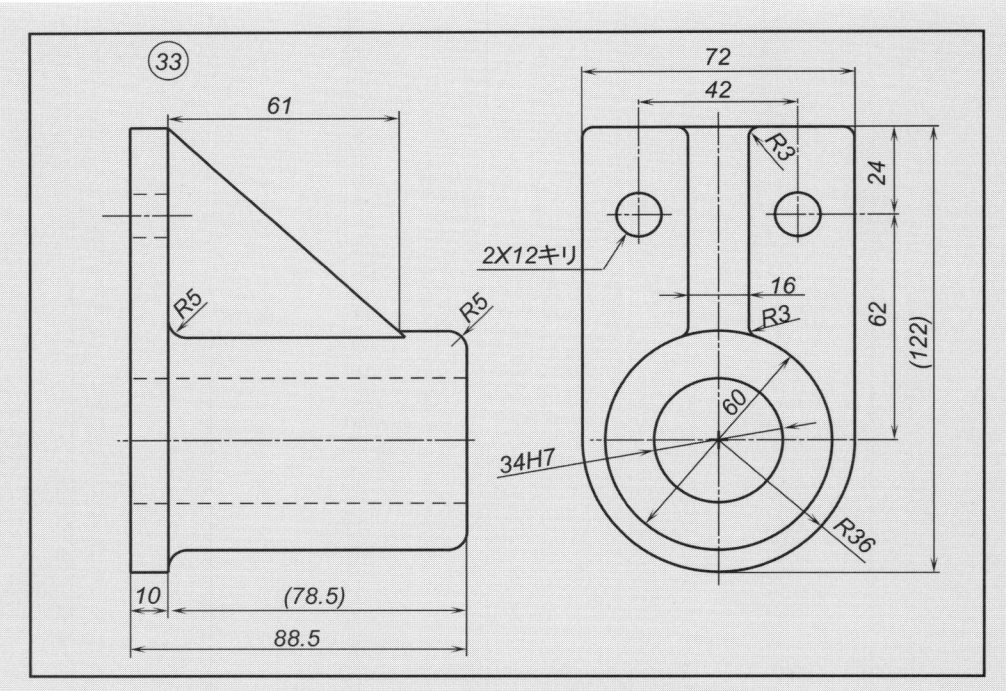

図10.17 ブレーキレバー支持金具の計画図

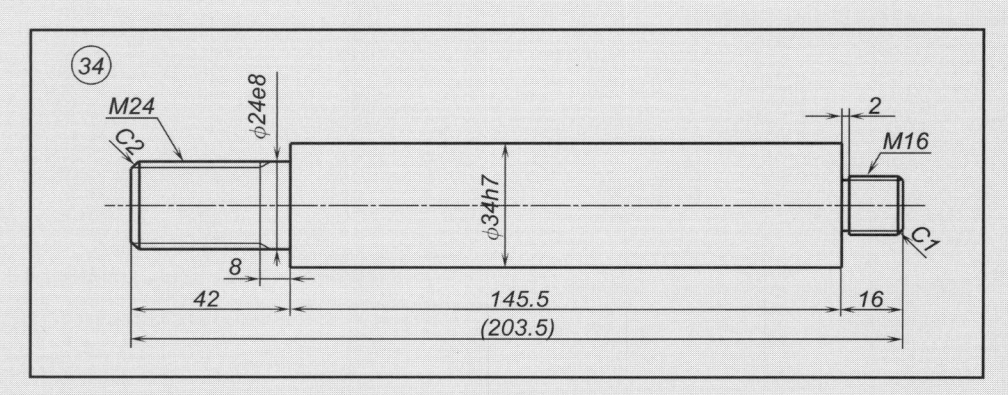

図10.18 ブレーキレバー支点軸の計画図

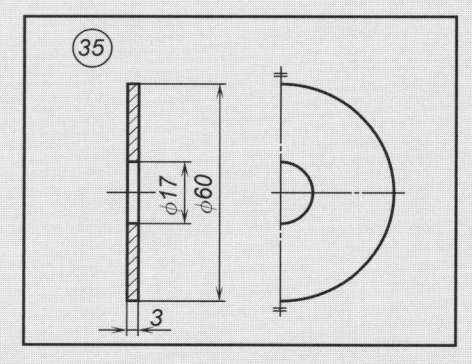

図10.19 ブレーキレバー支点軸用座金の計画図

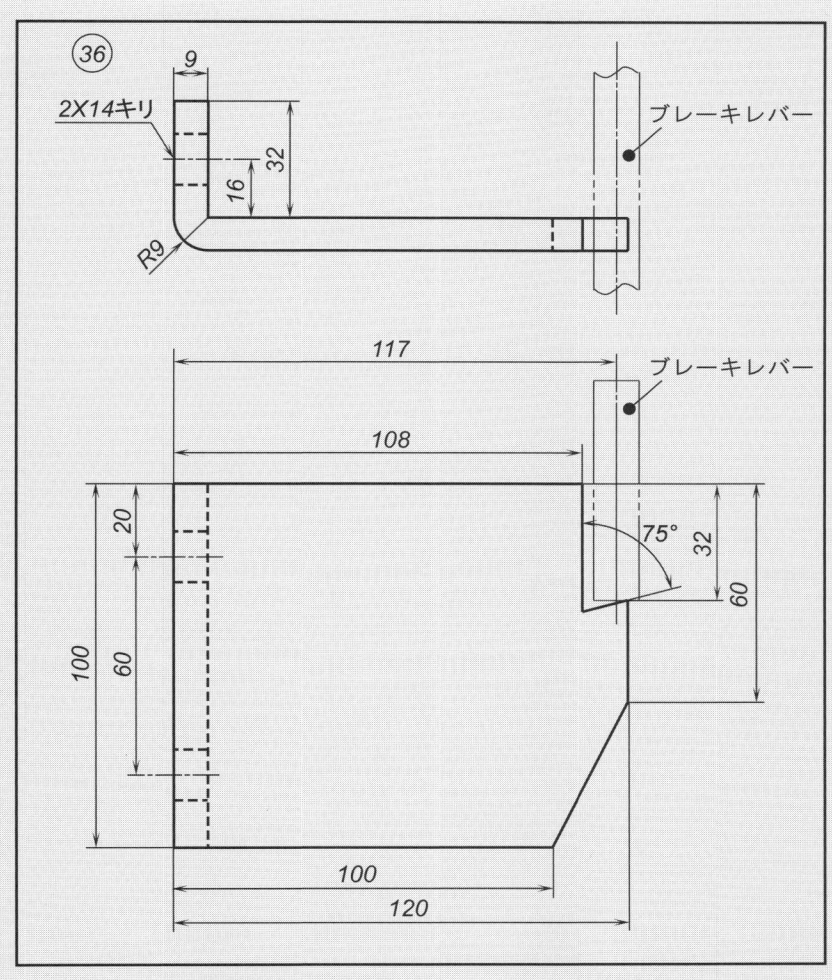

図 10.20 ブレーキレバー支え板の計画図

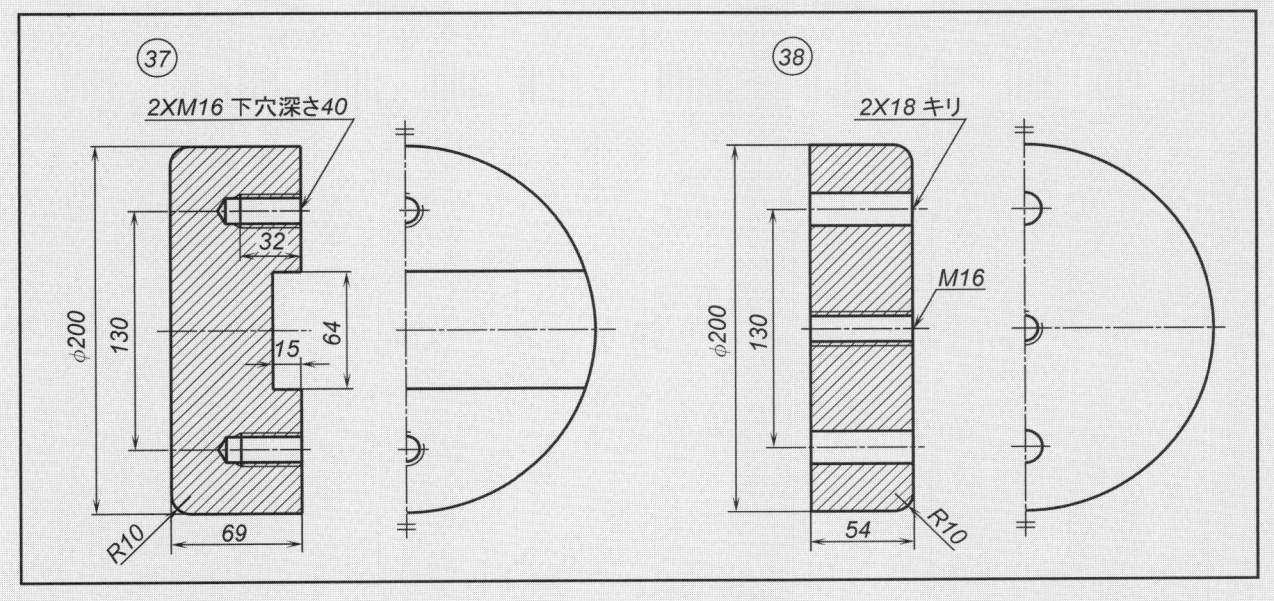

図 10.21 おもりの計画図

11章　フレームとフレーム周辺部品

11.1　フレーム・つなぎボルトの寸法

(1) フレームの寸法

フレームは鋳造と機械加工によって製造されるものもあるが，大型のものは鋼板を機械加工によって製造する方が容易である。巻胴軸はフレームに空けられた穴に通されフレームに直接支えられるので，巻胴軸穴に働く圧縮応力について検証する。図7.5に示した変数記号を用いると支点反力 R_B は

$$R_B = \frac{P(a+b)}{l} \tag{11.1}$$

で求められる。巻胴軸穴に働く圧縮応力 σ は巻胴軸の軸径を d，フレームの板厚を t とすると，圧縮応力＝支点反力/投影面積で求められるから

$$\sigma = \frac{R_B}{td} \tag{11.2}$$

となる。計算された σ が材料の許容圧縮応力 σ_c より小さいことを確認する。ハンドル軸の高さは，作業性を考慮して床上700〜1000〔mm〕とする。中間軸・巻胴軸の位置は，それぞれの歯車の寸法から求められる。

(2) フレーム台

フレーム台として図11.1に示すようにフレームに等辺山形鋼を溶接する。等辺山形鋼は表11.1より選ぶとよい。溶接部の強度については省略する。

(3) つなぎボルト

両側のフレームを固定するために上方に1本，下方に2本のつなぎボルトを用いる。ボルトの軸方向に作用する荷重はないので強度計算は行わなくてよい。

> **課題の計算：11.1　フレーム・つなぎボルトの寸法**
>
> フレーム周辺部品の構成は図11.1のようにする。
>
> **(1) フレームの寸法**
>
> 7.3節(1)より $l=888$〔mm〕，$a=136$〔mm〕，$b=668$〔mm〕，$P=3.98\times10^4$〔N〕であるから，支点反力 R_B は，式(11.1)より
>
> $$R_B = \frac{3.98\times10^4(136+668)}{888} = 3.60\times10^4 \text{〔N〕}$$
>
> フレームの板厚を $t=12$〔mm〕とすると，$d=52$〔mm〕より巻胴軸穴に働く圧縮応力 σ は，式(11.2)より
>
> $$\sigma = \frac{3.60\times10^4}{12\times52} = 57.7 \text{〔MPa〕}$$
>
> となる。材料をSS330とすると，許容圧縮応力 σ_c は，表1.5より軟鋼，圧縮荷重が働く場合の片振り繰り返し荷重の値から，$\sigma_c=60\sim100$〔MPa〕となり，範囲内の最大値をとり $\sigma_c=100$〔MPa〕とすると $\sigma<\sigma_c$ となり安全である。

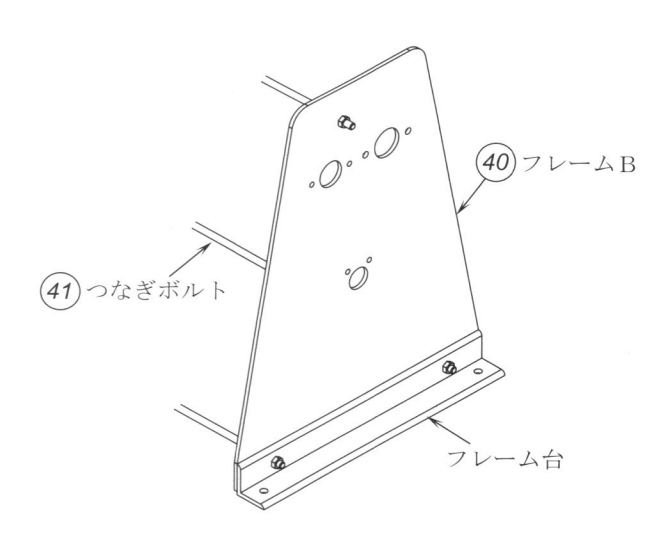

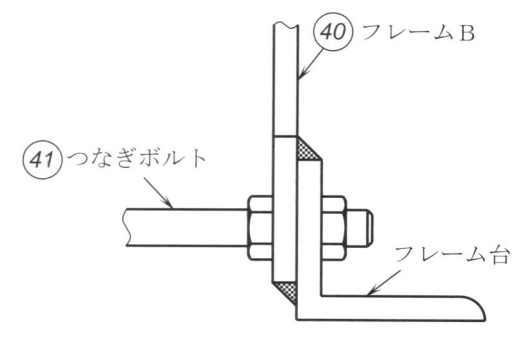

図11.1　フレーム周辺部品

表11.1　等辺山形鋼

（単位 mm）

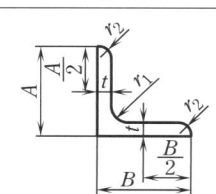

$A\times B$	t	r_1	r_2	$A\times B$	t	r_1	r_2
25×25	3	4	2	90×90	7	10	5
30×30	3	4	2	90×90	10	10	7
40×40	3	4.5	2	90×90	13	10	7
40×40	5	4.5	3	100×100	7	10	5
45×45	4	6.5	3	100×100	10	10	7
45×45	5	6.5	3	100×100	13	10	7
50×50	4	6.5	3	120×120	8	12	5
50×50	5	6.5	3	130×130	9	12	6
50×50	6	6.5	4.5	130×130	12	12	8.5
60×60	4	6.5	3	130×130	15	12	8.5
60×60	5	6.5	3	150×150	12	14	7
65×65	5	8.5	3	150×150	15	14	10
65×65	6	8.5	4	150×150	19	14	10
65×65	8	8.5	6	175×175	12	15	11
70×70	6	8.5	4	175×175	15	15	11
75×75	6	8.5	4	200×200	15	17	12
75×75	9	8.5	6	200×200	20	17	12
75×75	12	8.5	6	200×200	25	17	12
80×80	6	8.5	4	250×250	25	24	12
90×90	6	10	5	250×250	35	24	18

図11.2にフレームの計画図を示す。右側と左側の二つの計画図を一つにまとめて書く。もし軸受どうしが干渉する場合は，軸受の寸法を変更するか，**図11.3**のように軸受を傾けて取り付けてもよい。

（2）フレーム台

表11.1に示す等辺山形鋼から断面寸法100〔mm〕×100〔mm〕，厚さ13〔mm〕，材料 SS400 の等辺山形鋼をフレーム台として使用し，フレームに溶接する。

（3）つなぎボルト

材料は S25C，直径は 20〔mm〕とし先端は M20 とする。

図11.4につなぎボルトの計画図を示す。

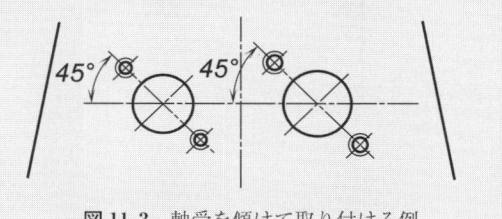

図11.3 軸受を傾けて取り付ける例

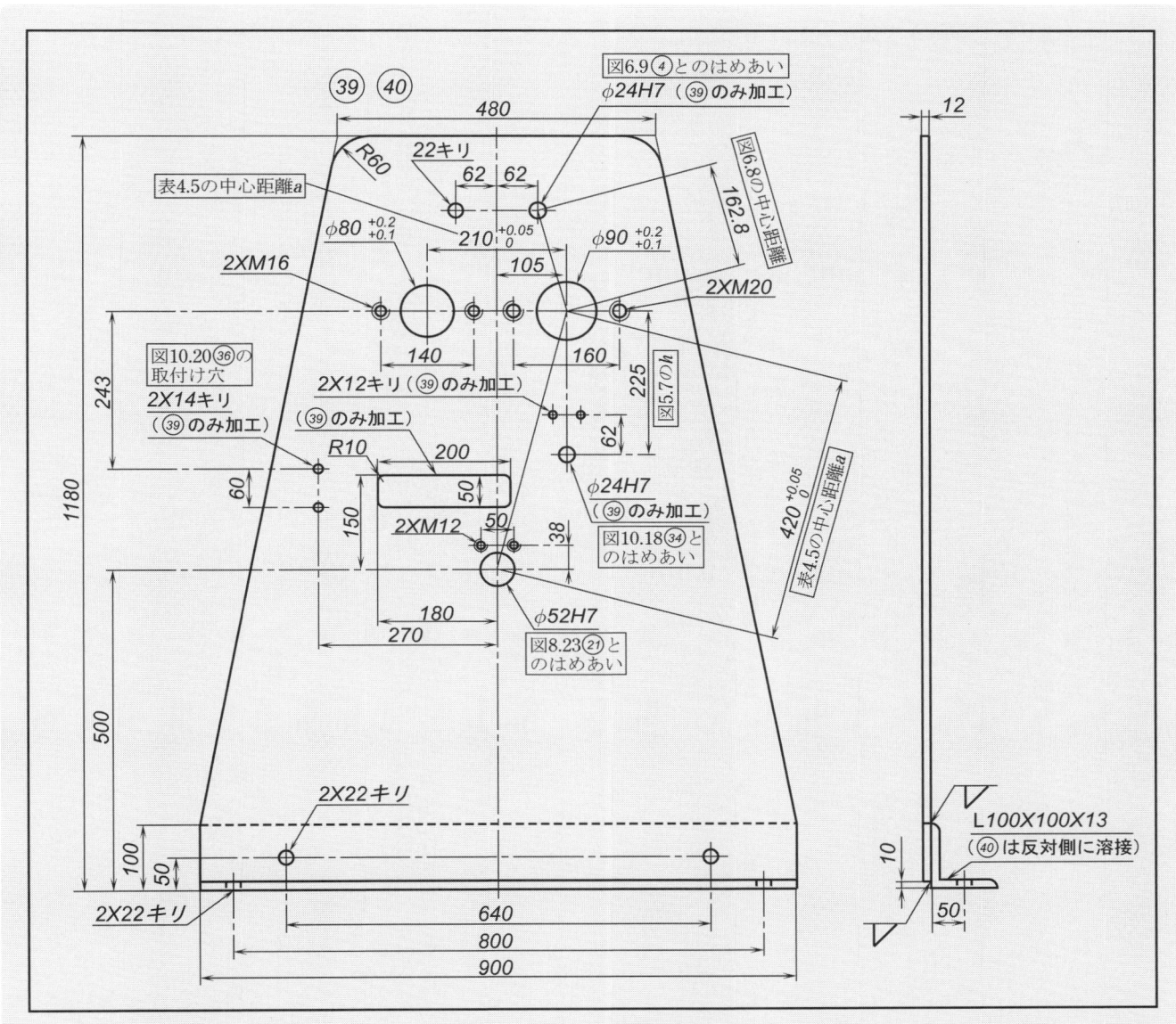

図11.2 フレームの計画図

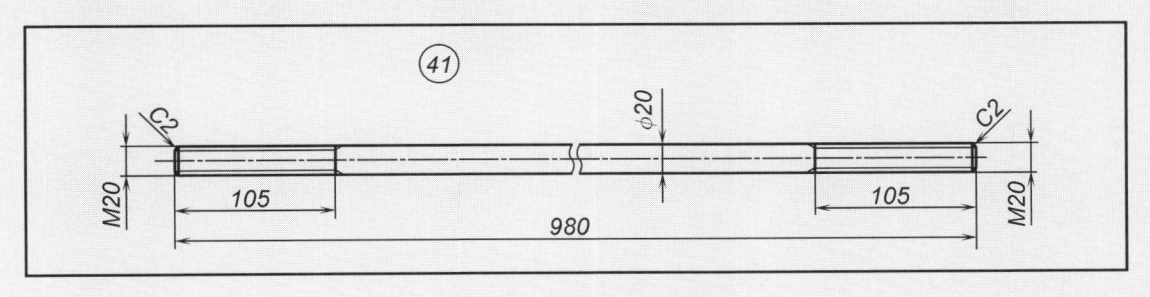

図11.4 つなぎボルトの計画図

付録 製図例

設計課題の手巻ウインチの組立図および部品図を示す。
66～67 ページに
　正面図，上面図，側面図を示す場合の組立図例
68～69 ページに
　正面図，側面図を示す場合の組立図例
70～86 ページに
　部品図例
を示す。部品図および部品表は主要な部品のみとし，ボルト，ナット，キーおよび握り部に使用する管の標準部品は省略した。

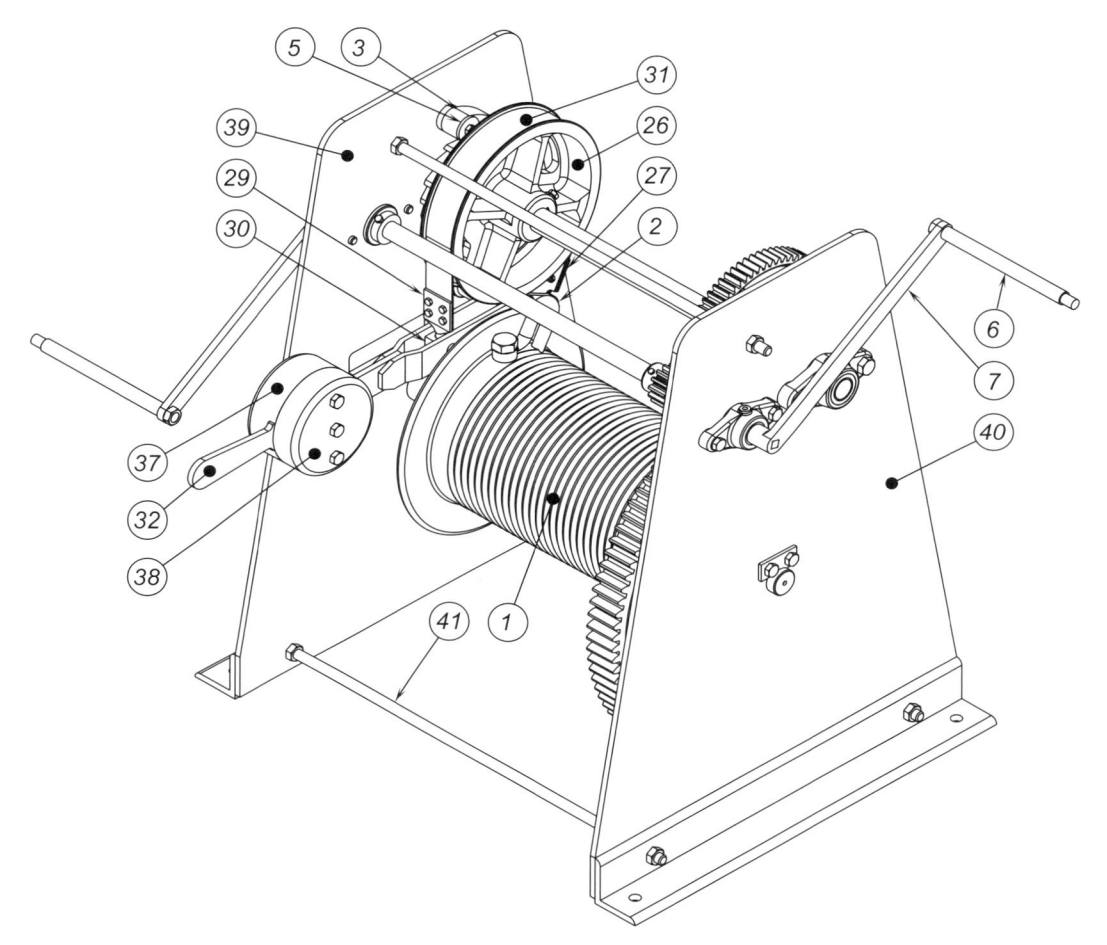

図 12.1 概観図と部品番号

付録 65

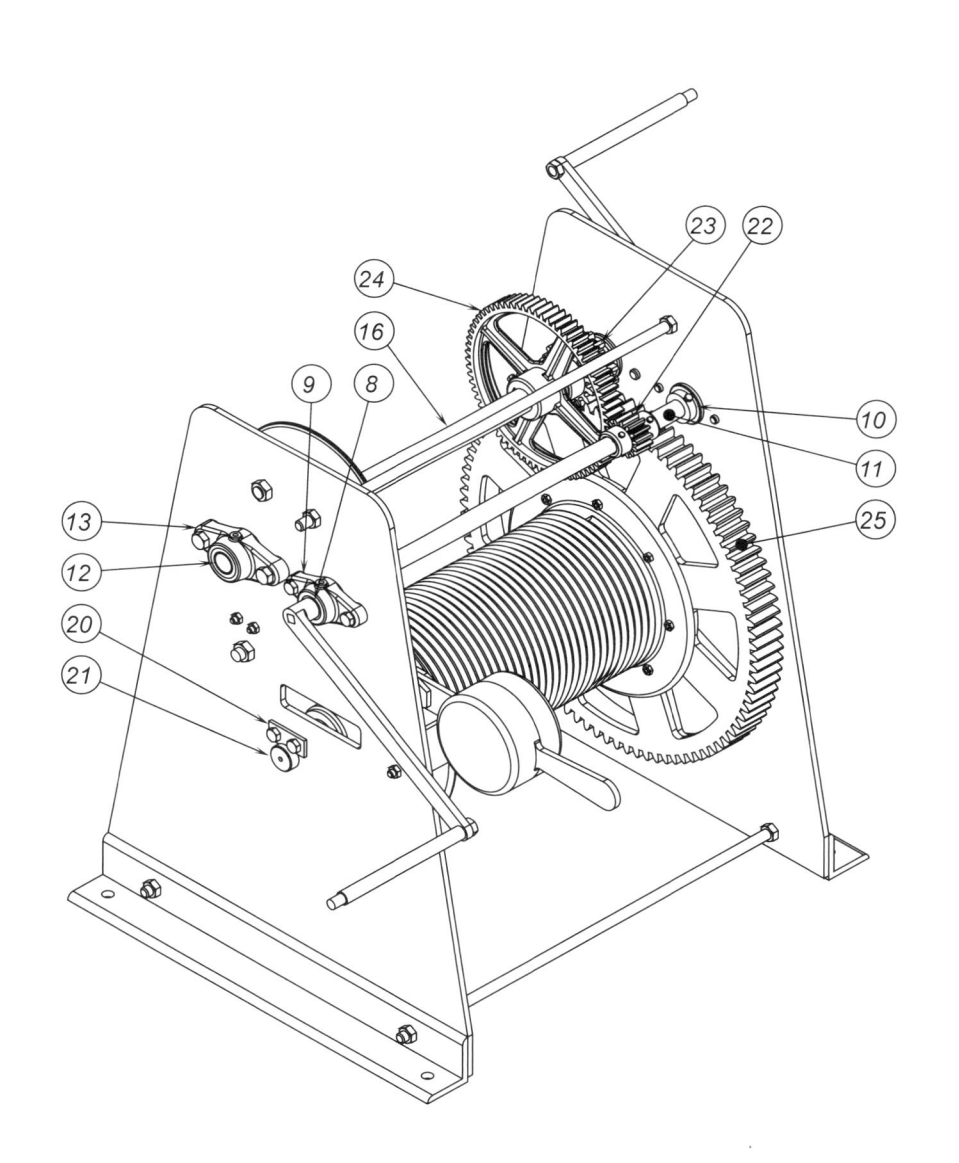

概観図

第12章 製図例

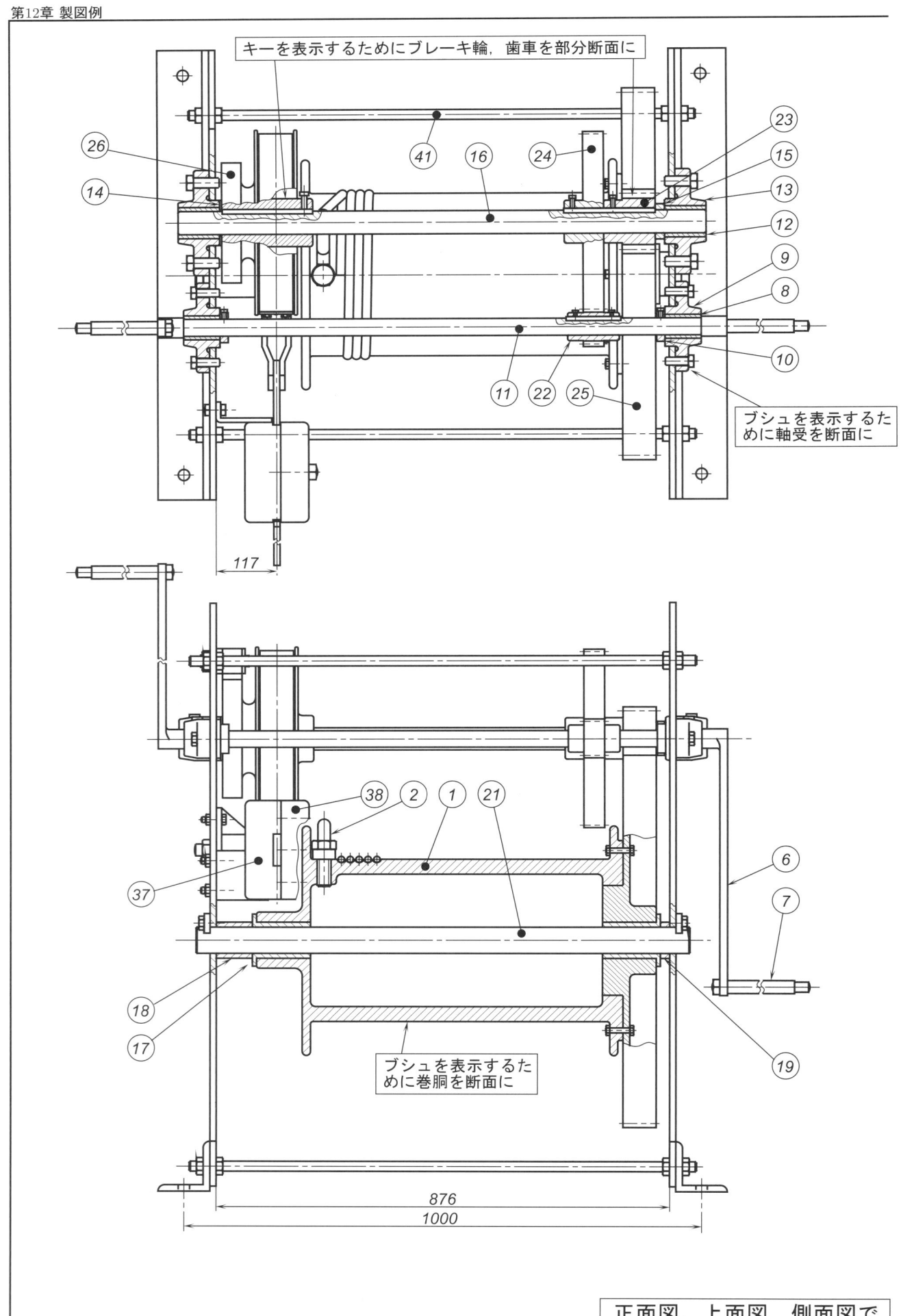

キーを表示するためにブレーキ輪，歯車を部分断面に

ブシュを表示するために軸受を断面に

ブシュを表示するために巻胴を断面に

正面図，上面図，側面図で組立図を示す例

品番	品　　名	材　料	個数	記事	品番	品　　名	材　料	個数	記事
21	巻胴軸	S50C	1		1	巻胴	FC200	1	
22	ハンドル軸小歯車	FC200	1		2	ワイヤロープ止め金具	SF390A	1	
23	中間軸小歯車	SC410	1		3	つめ	SF390A	1	
24	中間軸大歯車	SC410	1		4	つめ軸	SGD290-D	1	
25	巻胴軸大歯車	FC200	1		5	つめ軸カラー	SGD290-D	1	
26	ブレーキドラム・つめ車	FC200	1		6	クランクハンドル	SF390A	2	
27	引張側バンド止め板	SS400	1		7	クランクハンドルにぎり部	SS400	2	
28	引張側バンド止め軸	SS400	1		8	ハンドル軸ブシュ	BC3	2	
29	緩み側バンド止め板	SF390A	1		9	ハンドル軸軸受	FC200	2	
30	緩み側バンド止め金具	SC410	1		10	ハンドル軸止めカラー	BC3	2	
31	バンド	SPHC	1		11	ハンドル軸	S50C	1	
32	ブレーキレバー	SS330	1		12	中間軸ブシュ	BC3	2	
33	ブレーキレバー支持金具	FC200	1		13	中間軸軸受	FC200	2	
34	ブレーキレバー支点軸	S50C	1		14	中間軸カラーA	BC3	1	
35	ブレーキレバー支点軸用座金	SS400	1		15	中間軸カラーB	BC3	1	
36	ブレーキレバー支え板	SS330	1		16	中間軸	S50C	1	
37	おもりA	FC200	1		17	巻胴軸ブシュ	BC3	2	
38	おもりB	FC200	1		18	巻胴軸カラーA	BC3	1	
39	フレームA	SS330	1		19	巻胴軸カラーB	BC3	1	
40	フレームB	SS330	1		20	止め板	SS330	2	
41	つなぎボルト	S25C	3						

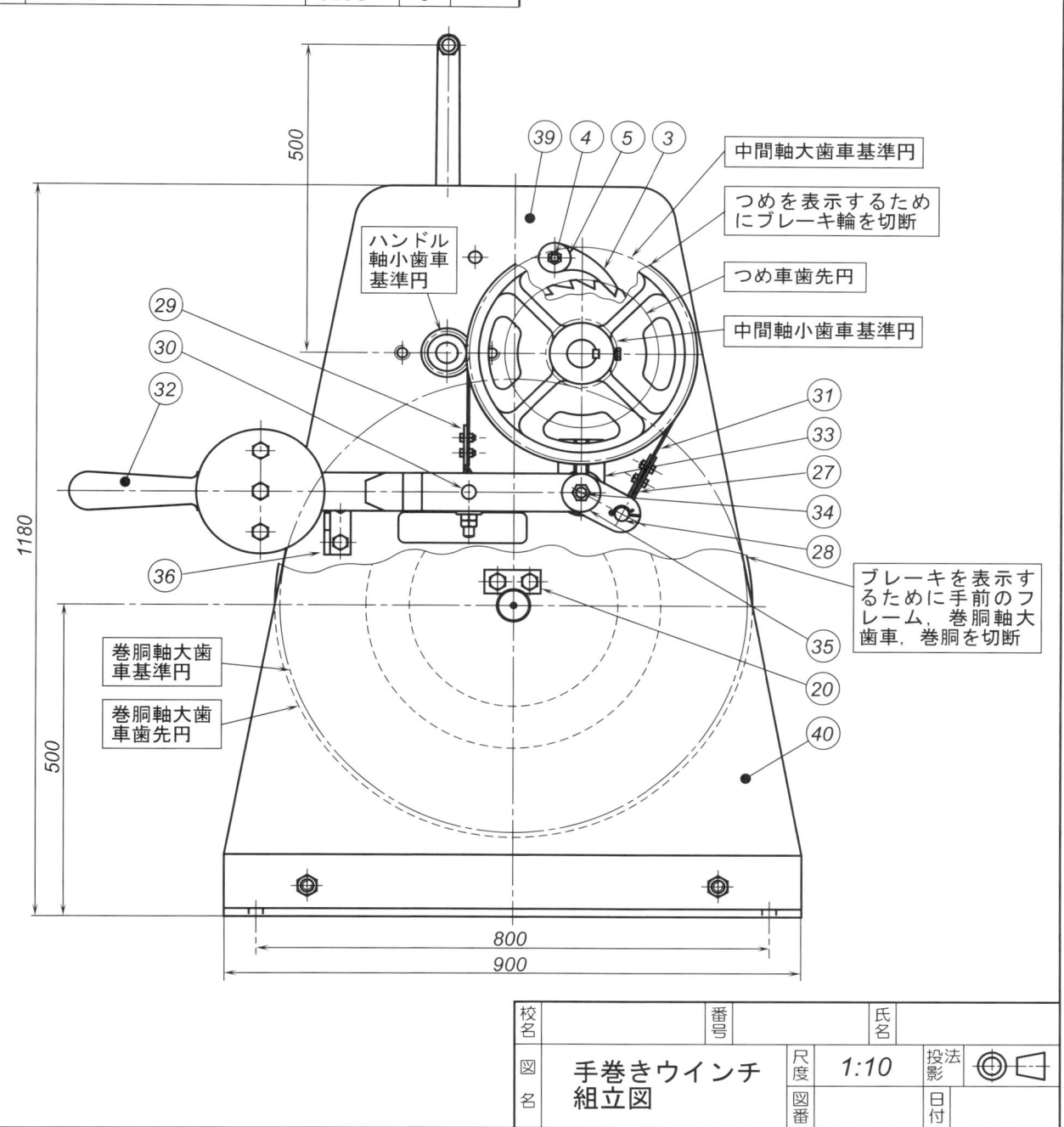

図名: 手巻きウインチ 組立図
尺度: 1:10

製図例

上面図を省略する場合は，正面図にすべての部品の位置と形状がわかるように，工夫して書かなくてはならない．

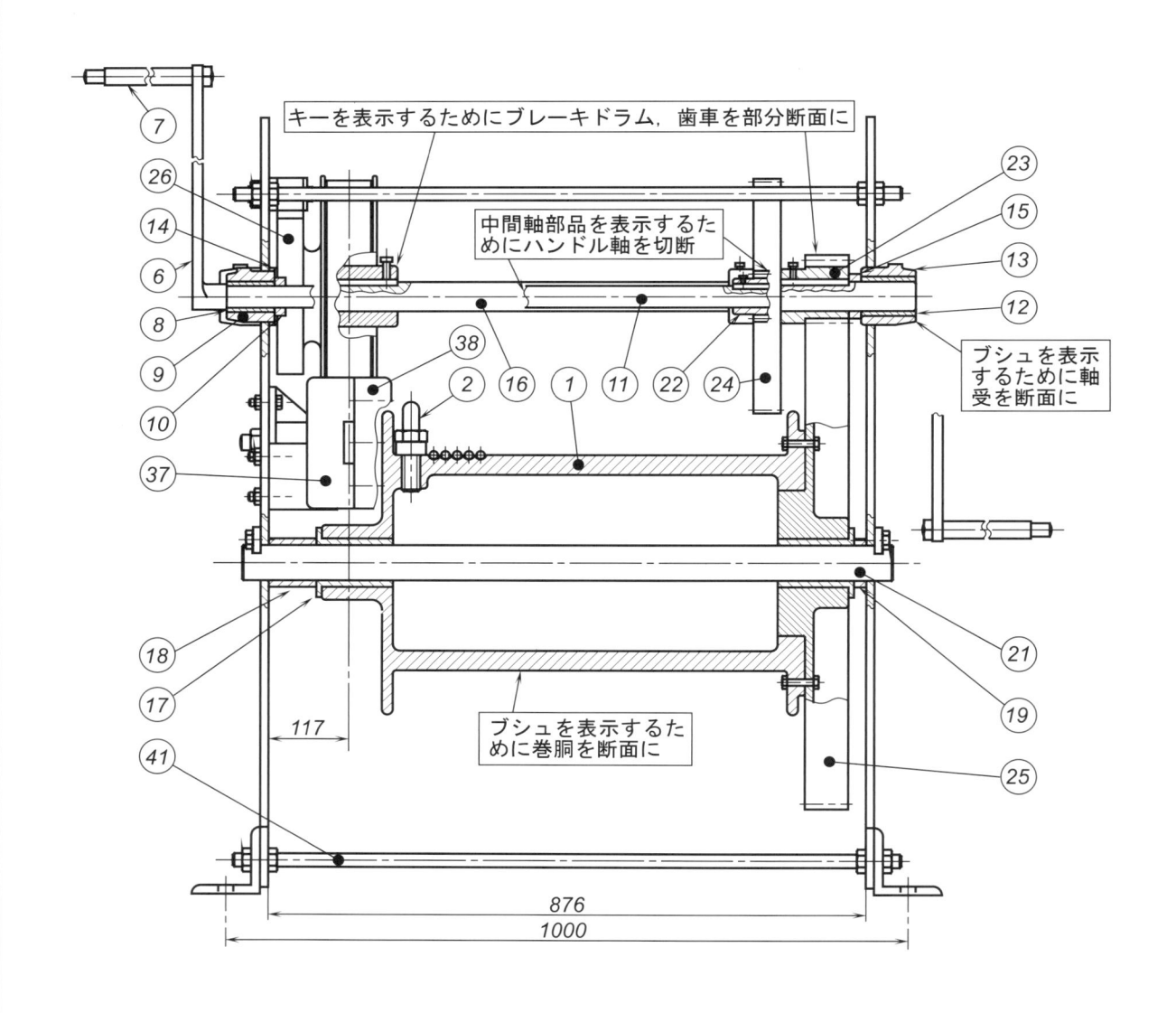

キーを表示するためにブレーキドラム，歯車を部分断面に

中間軸部品を表示するためにハンドル軸を切断

ブシュを表示するために軸受を断面に

ブシュを表示するために巻胴を断面に

117
876
1000

上面図を省略し，正面図と側面図で組立図を示す例

付　録

組立図

品番	品　　名	材　料	個数	記事	品番	品　　名	材　料	個数	記事
21	巻胴軸	S50C	1		1	巻胴	FC200	1	
22	ハンドル軸小歯車	FC200	1		2	ワイヤロープ止め金具	SF390A	1	
23	中間軸小歯車	SC410	1		3	つめ	SF390A	1	
24	中間軸大歯車	SC410	1		4	つめ軸	SGD290-D	1	
25	巻胴軸大歯車	FC200	1		5	つめ軸カラー	SGD290-D	1	
26	ブレーキドラム・つめ車	FC200	1		6	クランクハンドル	SF390A	2	
27	引張側バンド止め板	SS400	1		7	クランクハンドルにぎり部	SS400	2	
28	引張側バンド止め軸	SS400	1		8	ハンドル軸ブシュ	BC3	2	
29	緩み側バンド止め板	SF390A	1		9	ハンドル軸軸受	FC200	2	
30	緩み側バンド止め金具	SC410	1		10	ハンドル軸止めカラー	BC3	2	
31	バンド	SPHC	1		11	ハンドル軸	S50C	1	
32	ブレーキレバー	SS330	1		12	中間軸ブシュ	BC3	2	
33	ブレーキレバー支持金具	FC200	1		13	中間軸軸受	FC200	2	
34	ブレーキレバー支点軸	S50C	1		14	中間軸カラーA	BC3	1	
35	ブレーキレバー支点軸用座金	SS400	1		15	中間軸カラーB	BC3	1	
36	ブレーキレバー支え板	SS330	1		16	中間軸	S50C	1	
37	おもりA	FC200	1		17	巻胴軸ブシュ	BC3	2	
38	おもりB	FC200	1		18	巻胴軸カラーA	BC3	1	
39	フレームA	SS330	1		19	巻胴軸カラーB	BC3	1	
40	フレームB	SS330	1		20	止め板	SS330	2	
41	つなぎボルト	S25C	3						

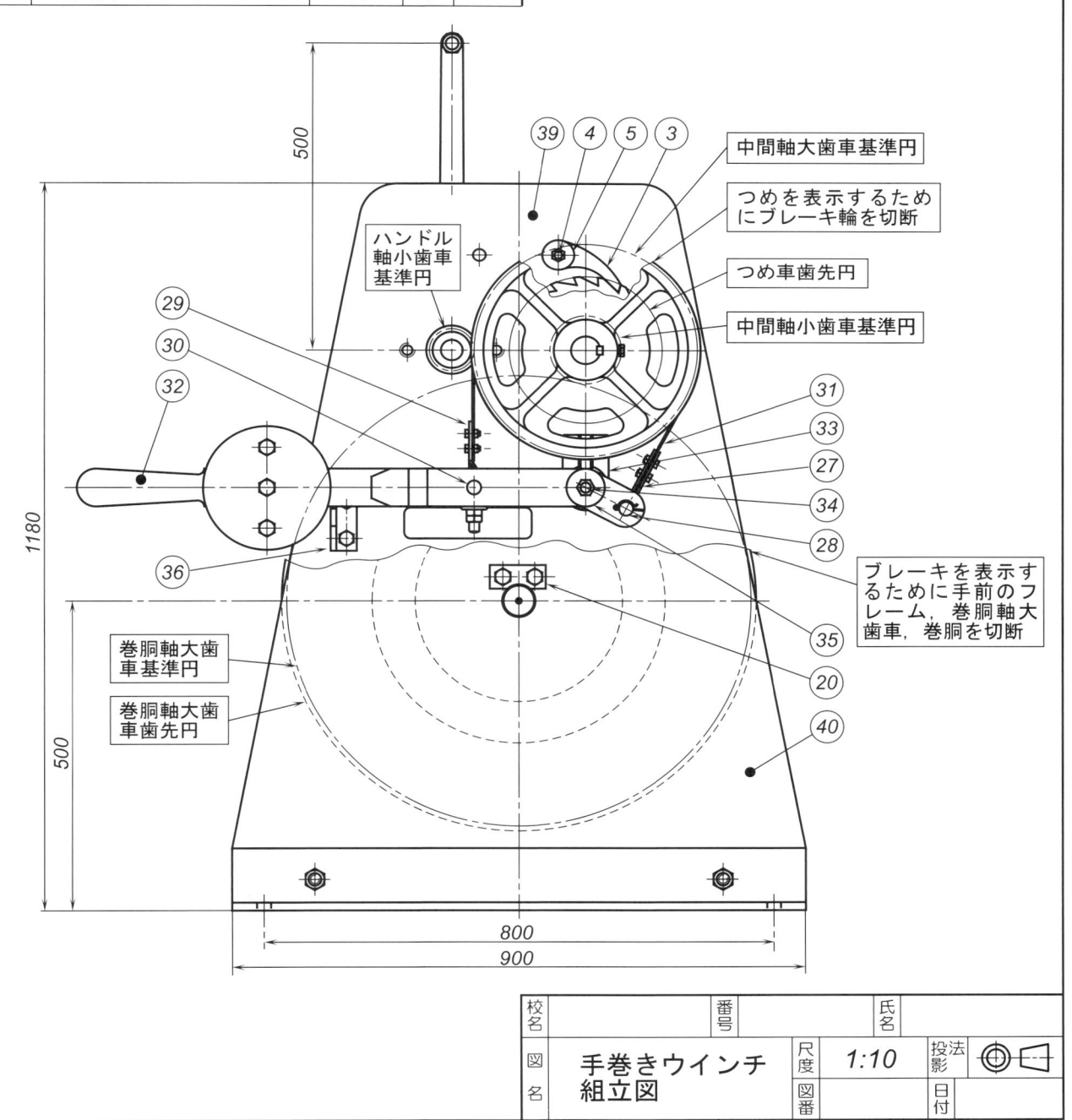

図名: 手巻きウインチ組立図
尺度: 1:10

製図例

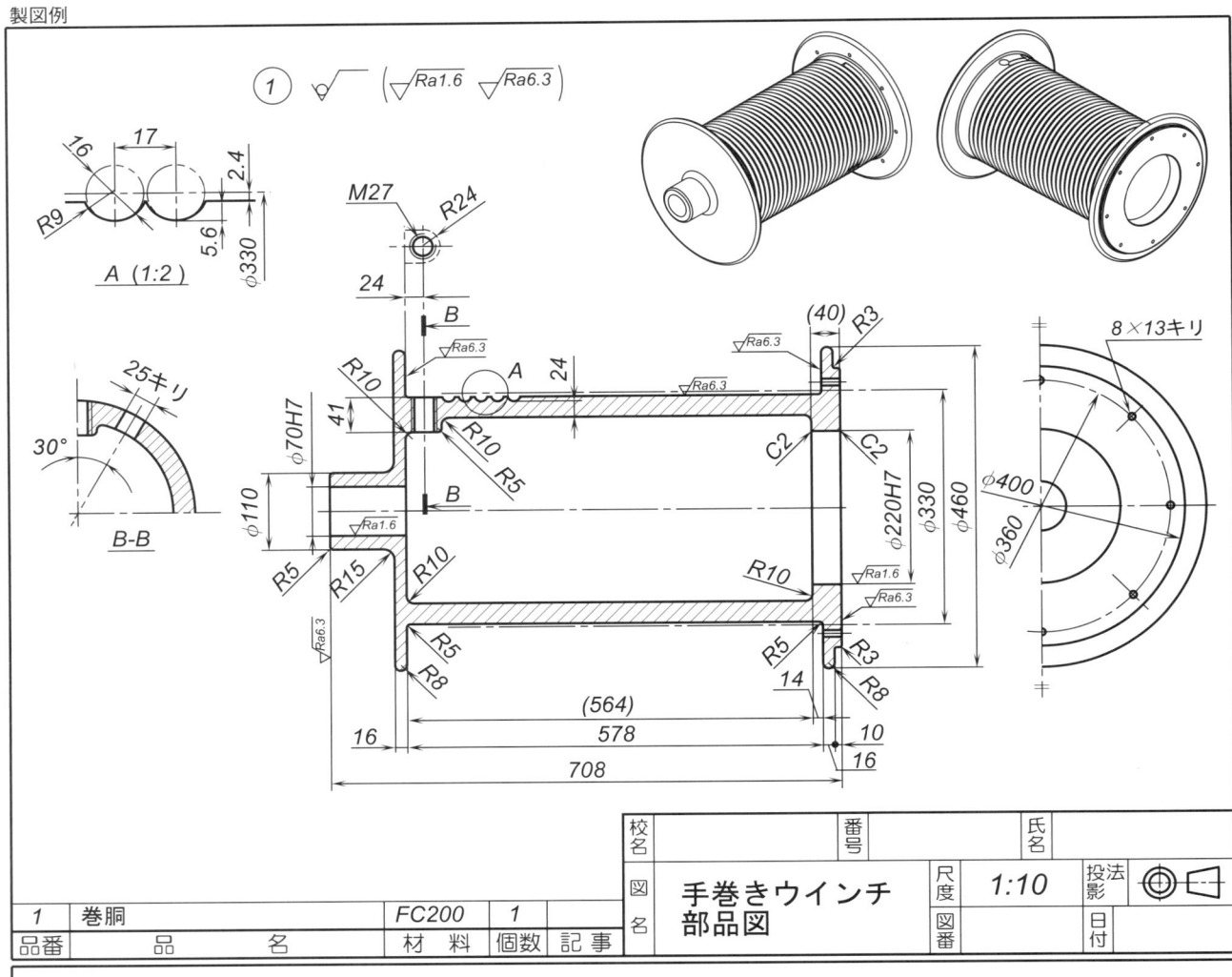

品番	品名	材料	個数	記事
1	巻胴	FC200	1	

図名: 手巻きウインチ 部品図
尺度: 1:10

品番	品名	材料	個数	記事
2	ワイヤロープ止め金具	SF390A	1	

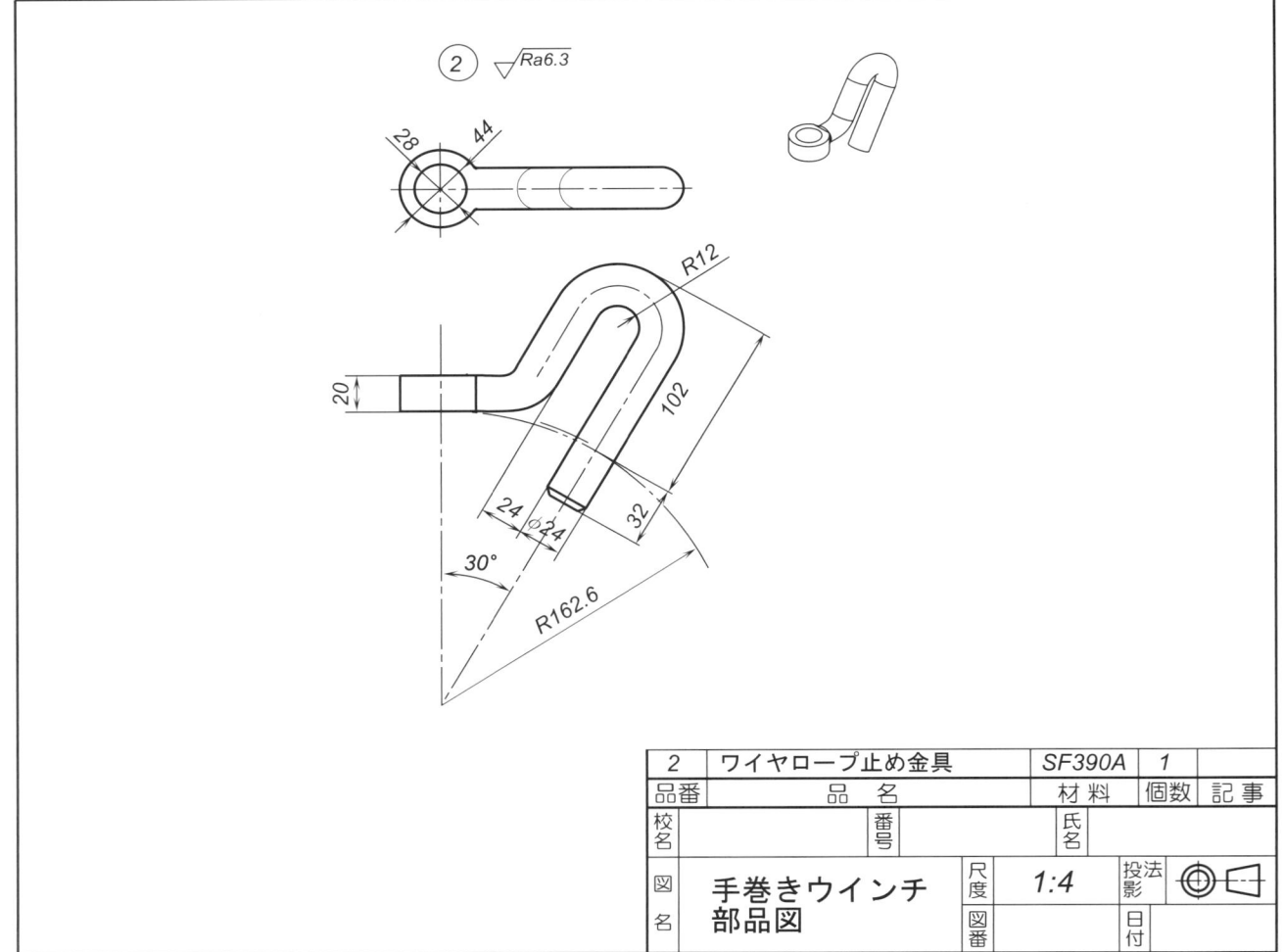

図名: 手巻きウインチ 部品図
尺度: 1:4

付録　71
部品図

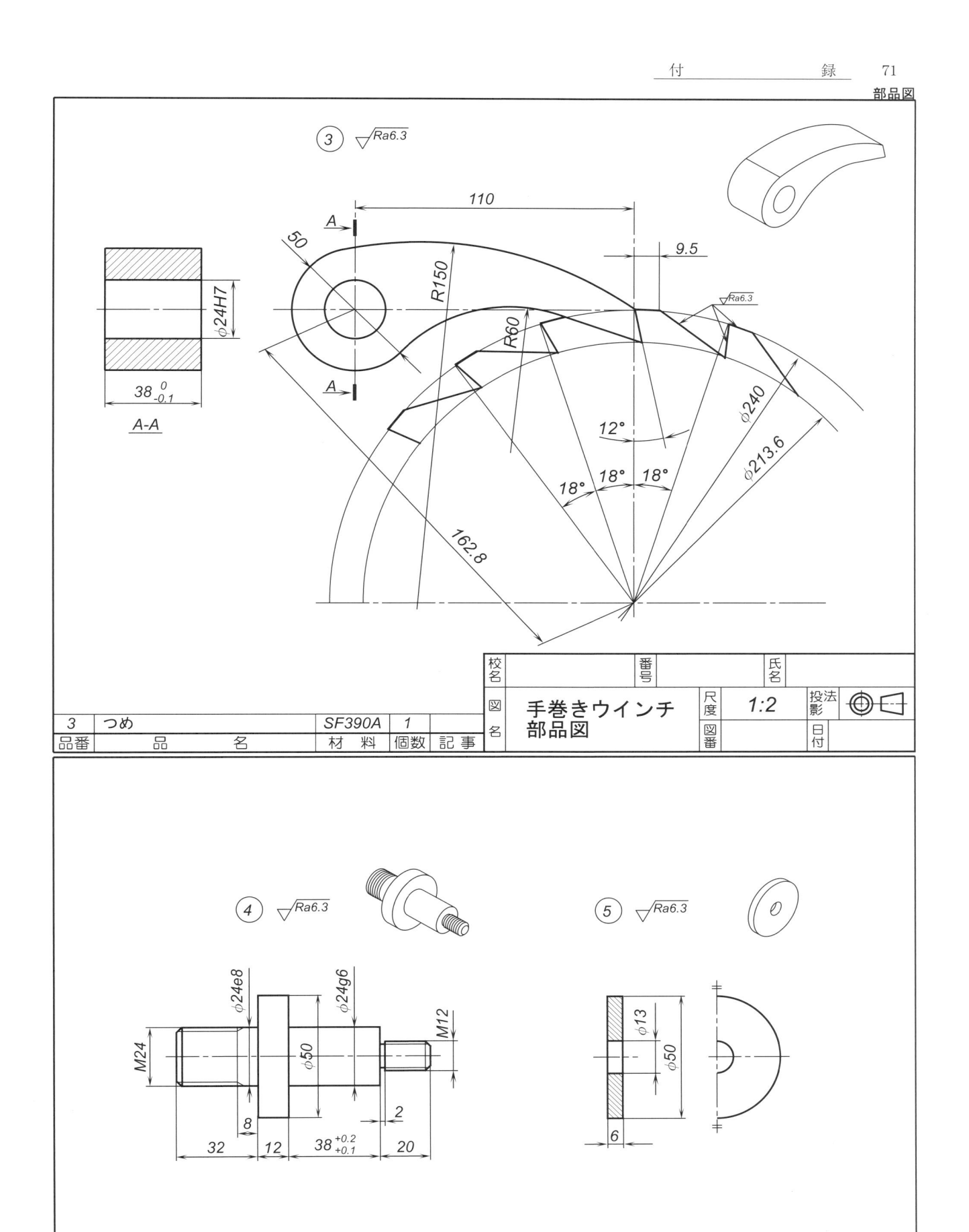

3	つめ	SF390A	1	
品番	品名	材料	個数	記事

手巻きウインチ 部品図　尺度 1:2

5	つめ軸カラー	SGD290-D	1	
4	つめ軸	SGD290-D	1	
品番	品名	材料	個数	記事

手巻きウインチ 部品図　尺度 1:2

製図例

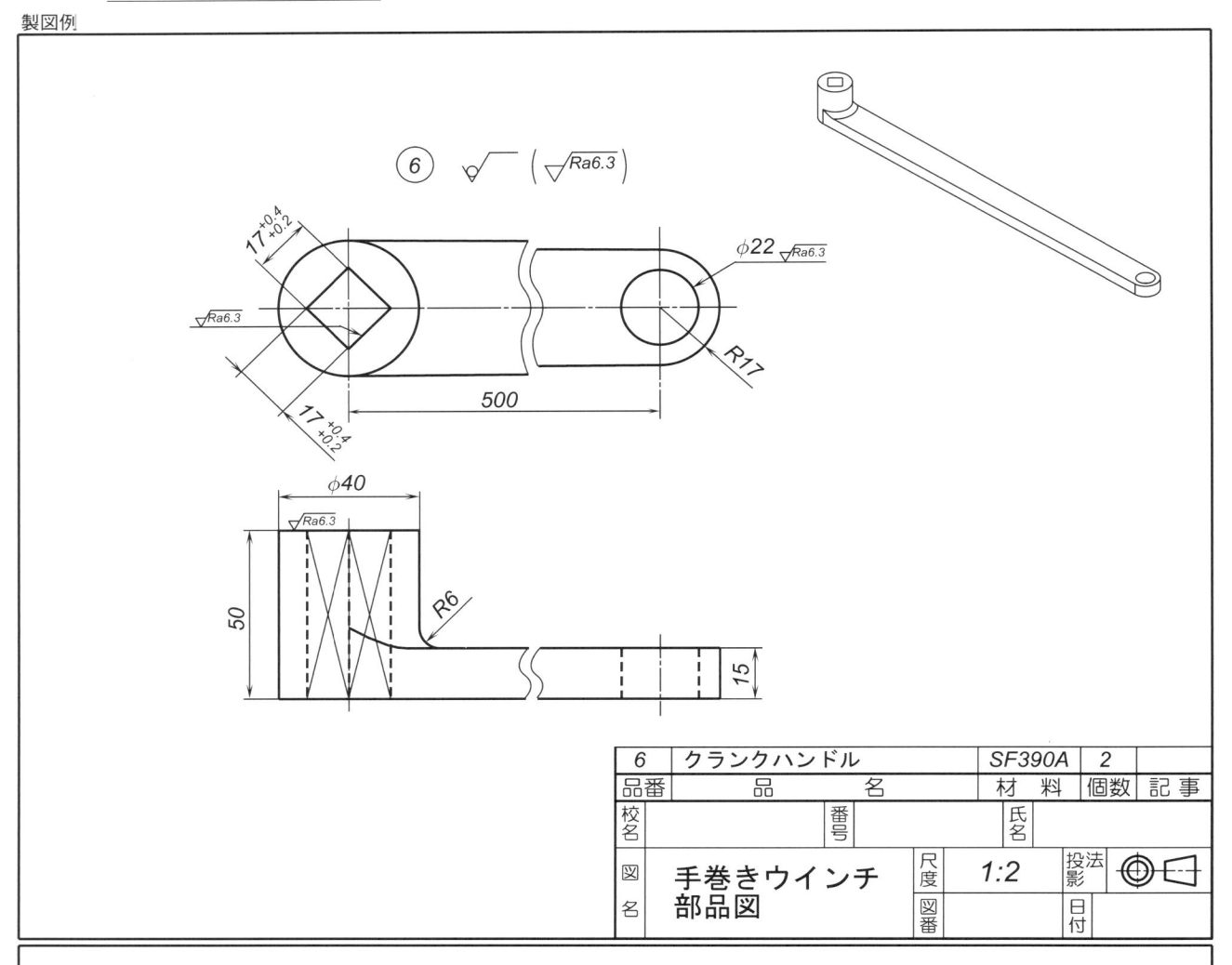

⑥ ∇ (∇Ra6.3)

$17^{+0.4}_{+0.2}$
φ22 ∇Ra6.3
∇Ra6.3
R17
500
$17^{+0.4}_{+0.2}$

φ40
∇Ra6.3
R6
50
15

6	クランクハンドル	SF390A	2	
品番	品　　名	材　料	個数	記　事
校名	番号	氏名		
図名	手巻きウインチ 部品図	尺度 1:2　投影		
		図番	日付	

⑦ ∇Ra6.3

C2　　C2
M20　　M20
φ26
28　　28
30　(295)　30
355

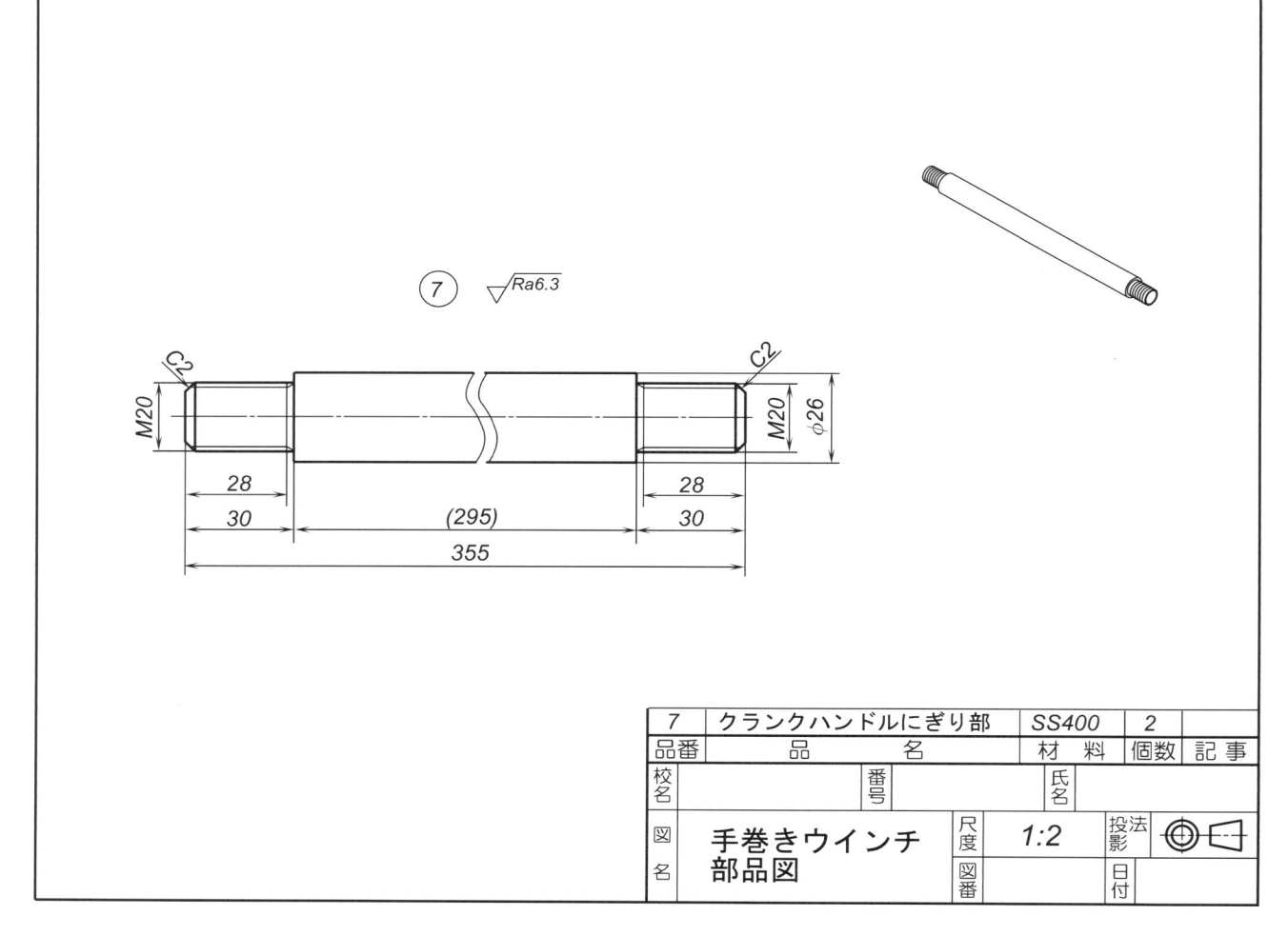

7	クランクハンドルにぎり部	SS400	2	
品番	品　　名	材　料	個数	記　事
校名	番号	氏名		
図名	手巻きウインチ 部品図	尺度 1:2　投影		
		図番	日付	

部品図

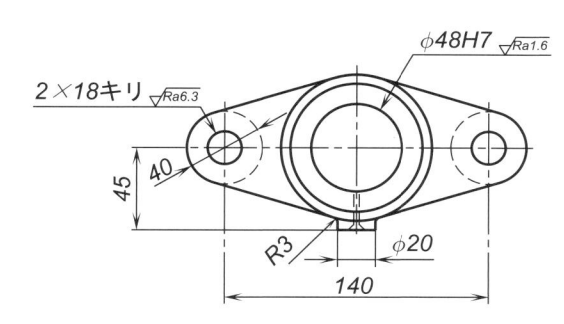

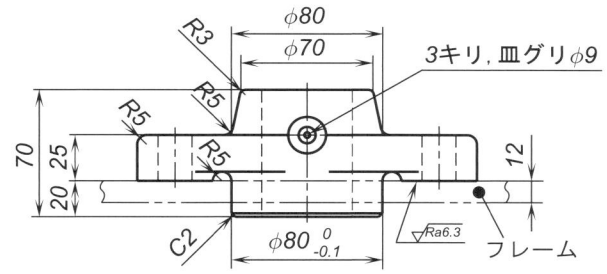

⑨ ∇ (∇Ra1.6 ∇Ra6.3)

- φ48H7 Ra1.6
- 2×18キリ Ra6.3
- 45, 40
- R3, φ20
- 140

- φ80, φ70
- 3キリ, 皿グリφ9
- R3, R5, R5, R5
- 70, 25, 20, 12
- C2
- φ80 0/-0.1
- Ra6.3 フレーム

9	ハンドル軸軸受		FC200	2	
品番	品　　名		材　料	個数	記事
校名		番号		氏名	
図名	手巻きウインチ部品図		尺度 1:4	投影 ⌀⊟	
			図番	日付	

---

⑧ ∇Ra1.6

3キリ（軸受に圧入後に軸受の給油穴に合わせて穴あけ）
- 25
- φ48p7, φ34H7
- 70

⑩ ∇Ra6.3

- M8
- φ34H7, φ60
- 16

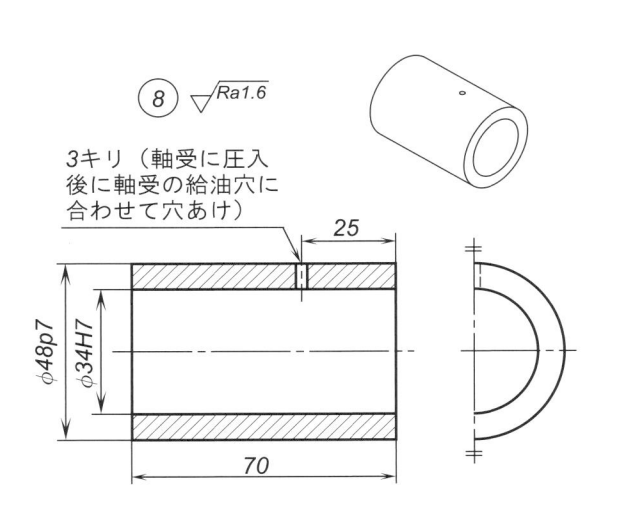

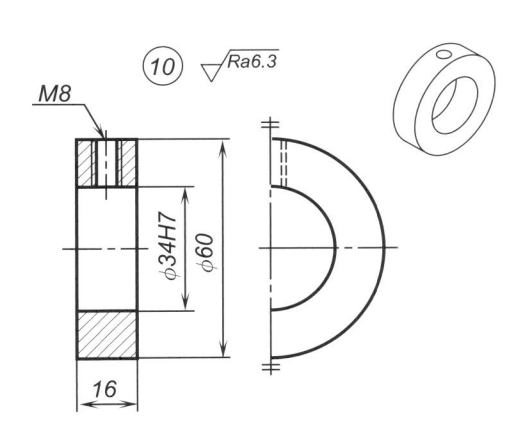

10	ハンドル軸止めカラー		BC3	2	
8	ハンドル軸ブシュ		BC3	2	
品番	品　　名		材　料	個数	記事
校名		番号		氏名	
図名	手巻きウインチ部品図		尺度 1:2	投影 ⌀⊟	
			図番	日付	

74　付　　　　録

製図例

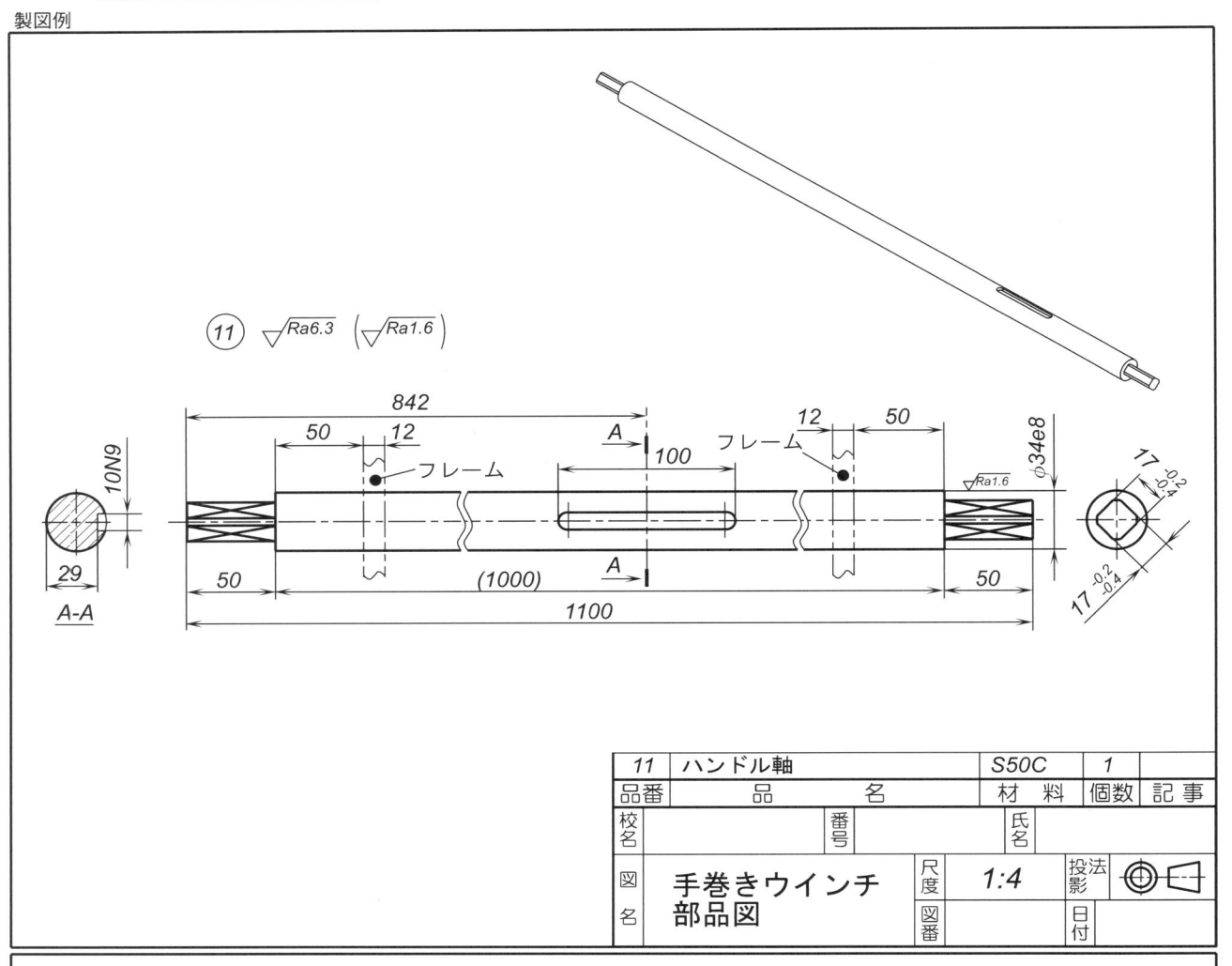

11	ハンドル軸		S50C	1	
品番	品　　　　名		材　料	個数	記事
校名		番号		氏名	
図名	手巻きウインチ部品図		尺度 1:4	投影法	
			図番	日付	

⑪ √Ra6.3 (√Ra1.6)

842
50　12
A
100　フレーム
12　50
φ34e8
√Ra1.6
10N9
29
50
(1000)
A
50
1100
A-A
17 -0.2/-0.4
17 -0.2/-0.4
フレーム

⑬ ∀ (√Ra1.6 √Ra6.3)

φ62H7 √Ra1.6
2×22キリ √Ra6.3
50
50
R3　φ20
160
φ90
φ80
R3
3キリ, 皿グリφ9
R5
R5
80　30
R5
20
12
C3
φ90 0/-0.1
√Ra6.3
フレーム

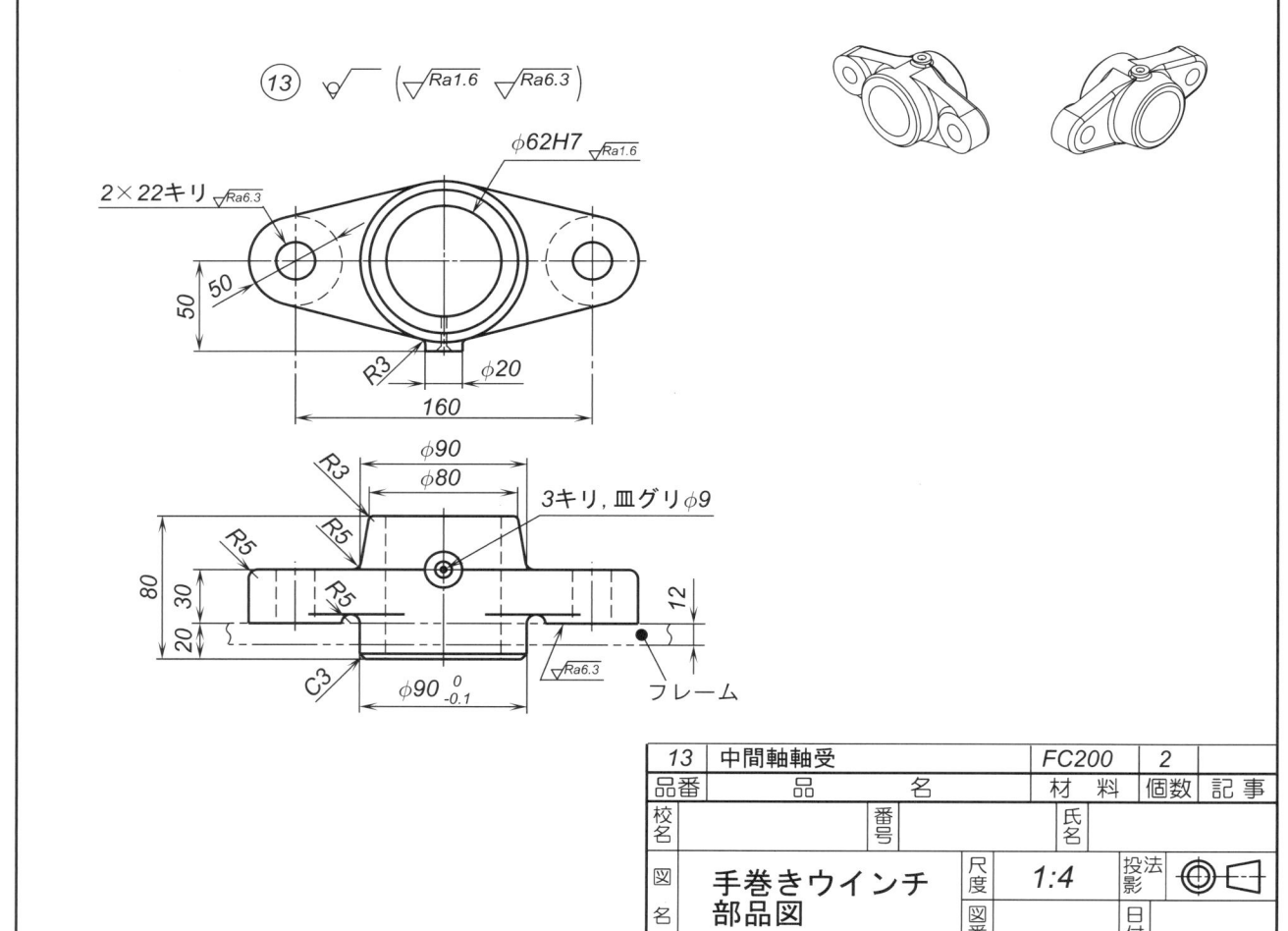

13	中間軸軸受		FC200	2	
品番	品　　　　名		材　料	個数	記事
校名		番号		氏名	
図名	手巻きウインチ部品図		尺度 1:4	投影法	
			図番	日付	

付録 75
部品図

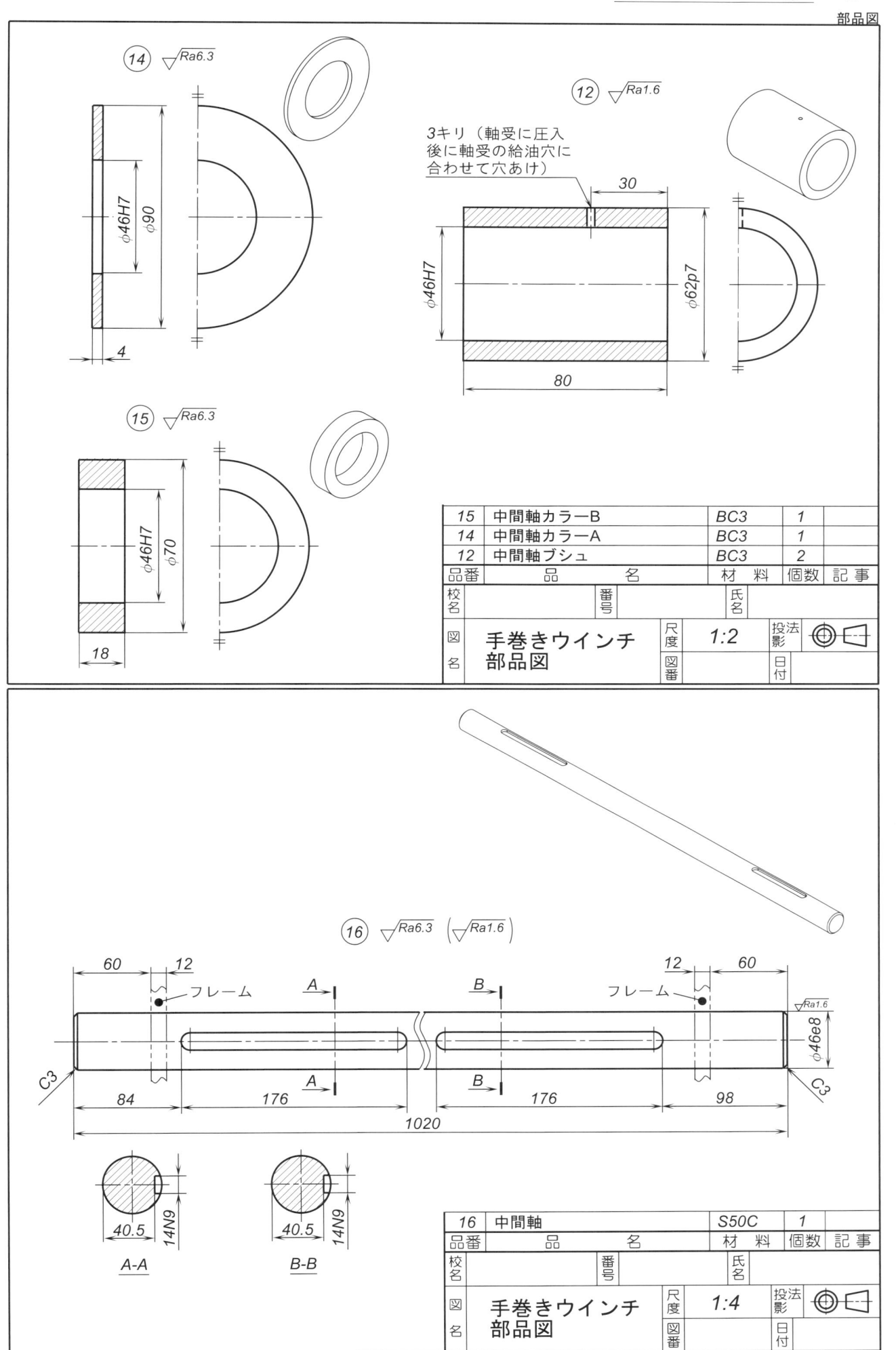

⑭ √Ra6.3

φ46H7
φ90
4

⑫ √Ra1.6

3キリ（軸受に圧入後に軸受の給油穴に合わせて穴あけ）
30
φ46H7
φ62p7
80

⑮ √Ra6.3

φ46H7
φ70
18

15	中間軸カラーB		BC3	1	
14	中間軸カラーA		BC3	1	
12	中間軸ブシュ		BC3	2	
品番	品　　　名		材　料	個数	記事
校名		番号		氏名	

図名：手巻きウインチ部品図　尺度 1:2　投影法

⑯ √Ra6.3 (√Ra1.6)

60　12
フレーム　A　　　　　B　フレーム　12　60
√Ra1.6
φ46e8
C3　　　　　　　　　　　　　　　　　　　　　　C3
84　176　　　　　　　　176　98
1020

A-A
40.5　14N9

B-B
40.5　14N9

16	中間軸		S50C	1	
品番	品　　　名		材　料	個数	記事
校名		番号		氏名	

図名：手巻きウインチ部品図　尺度 1:4　投影法

製図例

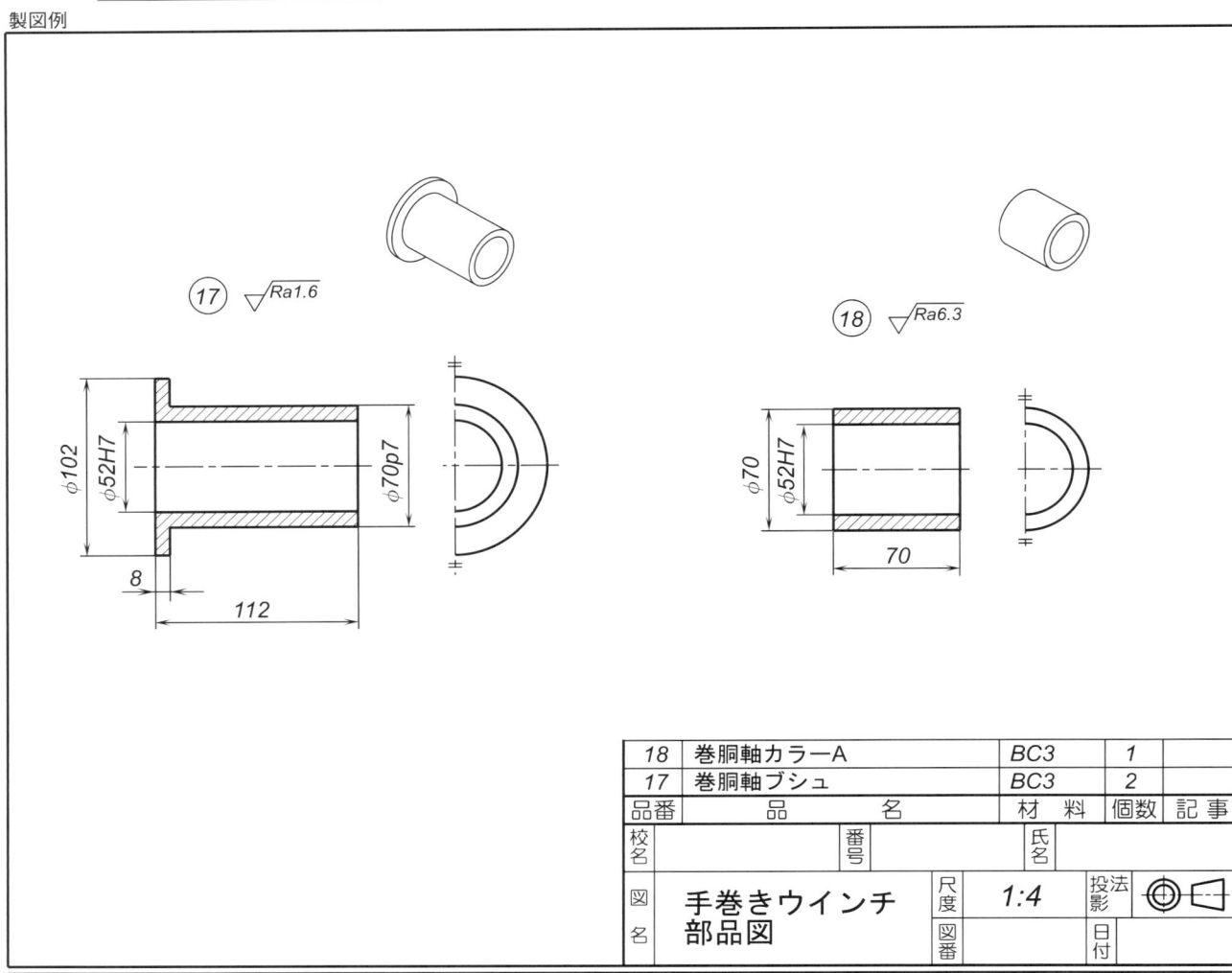

18	巻胴軸カラーA	BC3	1	
17	巻胴軸ブシュ	BC3	2	
品番	品　　名	材料	個数	記事

図名	手巻きウインチ 部品図	尺度	1:4	投影	
		図番		日付	

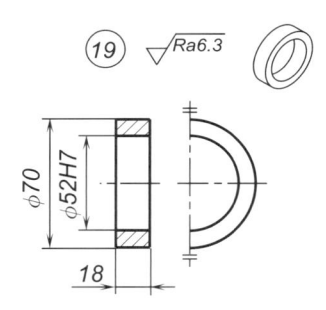

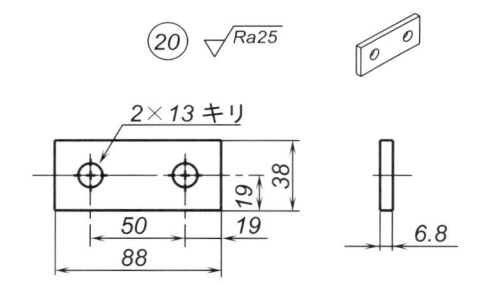

20	止め板	SS330	2	
19	巻胴軸カラーB	BC3	1	
品番	品　　名	材料	個数	記事

図名	手巻きウインチ 部品図	尺度	1:4	投影	
		図番		日付	

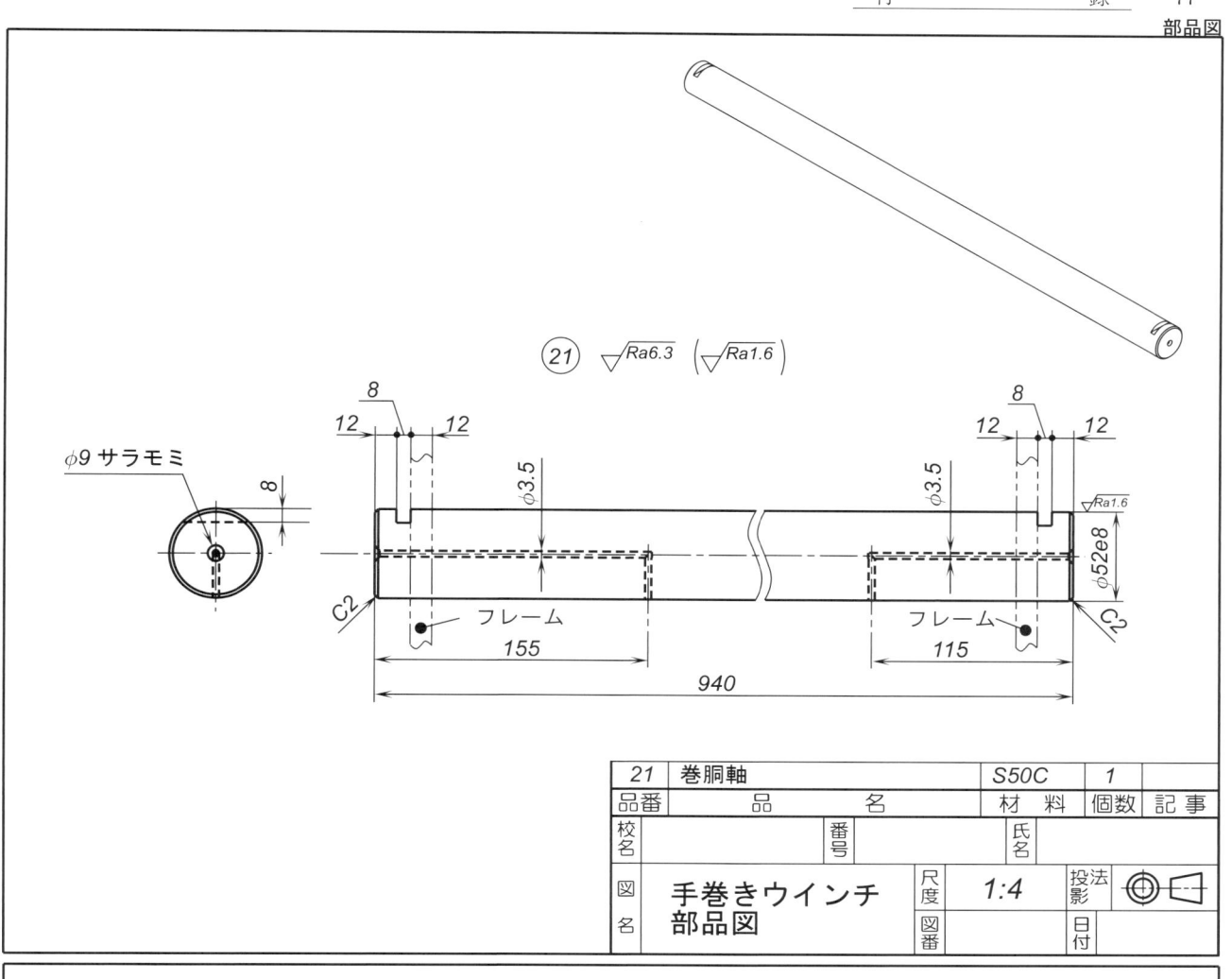

付録 77
部品図

㉑ ∇Ra6.3 (∇Ra1.6)

φ9 サラモミ

φ3.5
φ52e8
C2
フレーム
155
115
940
8
12 12
8
12 12
∇Ra1.6

21	巻胴軸		S50C	1	
品番	品名		材料	個数	記事
校名		番号	氏名		
図名	手巻きウインチ 部品図		尺度 1:4	投影 ⊕⊟	
			図番	日付	

㉒ ∇Ra6.3 (∇Ra1.6)

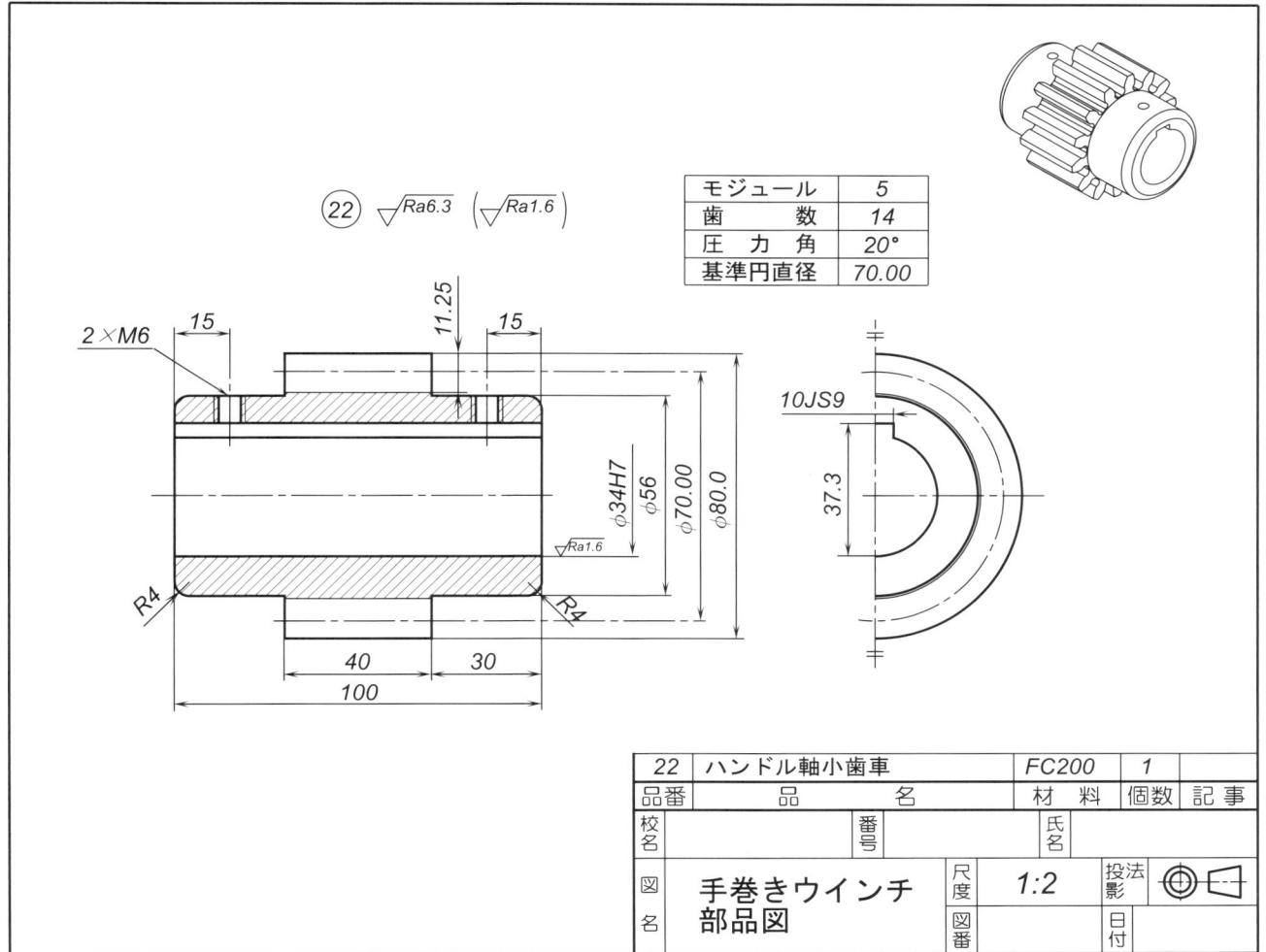

モジュール	5
歯数	14
圧力角	20°
基準円直径	70.00

2×M6
15
11.25
15
φ34H7
φ56
φ70.00
φ80.0
R4
R4
40
30
100
10JS9
37.3
∇Ra1.6

22	ハンドル軸小歯車		FC200	1	
品番	品名		材料	個数	記事
校名		番号	氏名		
図名	手巻きウインチ 部品図		尺度 1:2	投影 ⊕⊟	
			図番	日付	

製図例

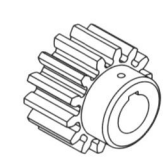

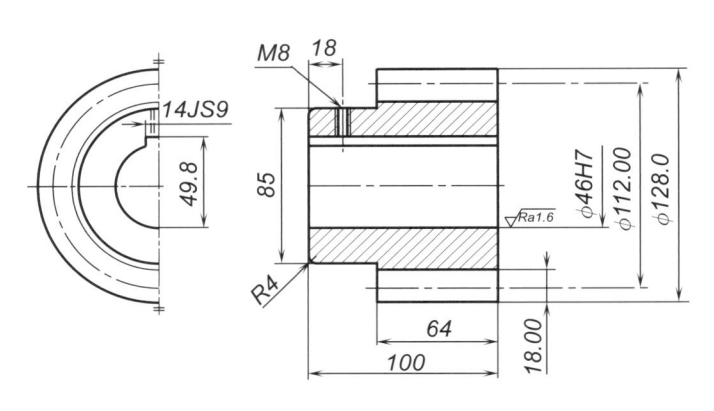

23 中間軸小歯車

モジュール	8
歯　数	14
圧　力　角	20°
基準円直径	112.00

主要寸法：M8、18、14JS9、49.8、85、R4、64、100、φ46H7、φ112.00、φ128.0、18.00
表面性状：Ra6.3（Ra1.6）

23	中間軸小歯車		SC410	1	
品番	品　　名		材　料	個数	記事

図名：手巻きウインチ部品図　尺度 1:4

---

24 中間軸大歯車

モジュール	5
歯　数	70
圧　力　角	20°
基準円直径	350.00

主要寸法：M8、16、14JS9、49.8、φ46H7、φ85、φ350.00、φ360.0、φ105、φ300、φ320、42、52、R14、R6、R12、R5、28、24、11.25、40、76、8×8（A-A断面）

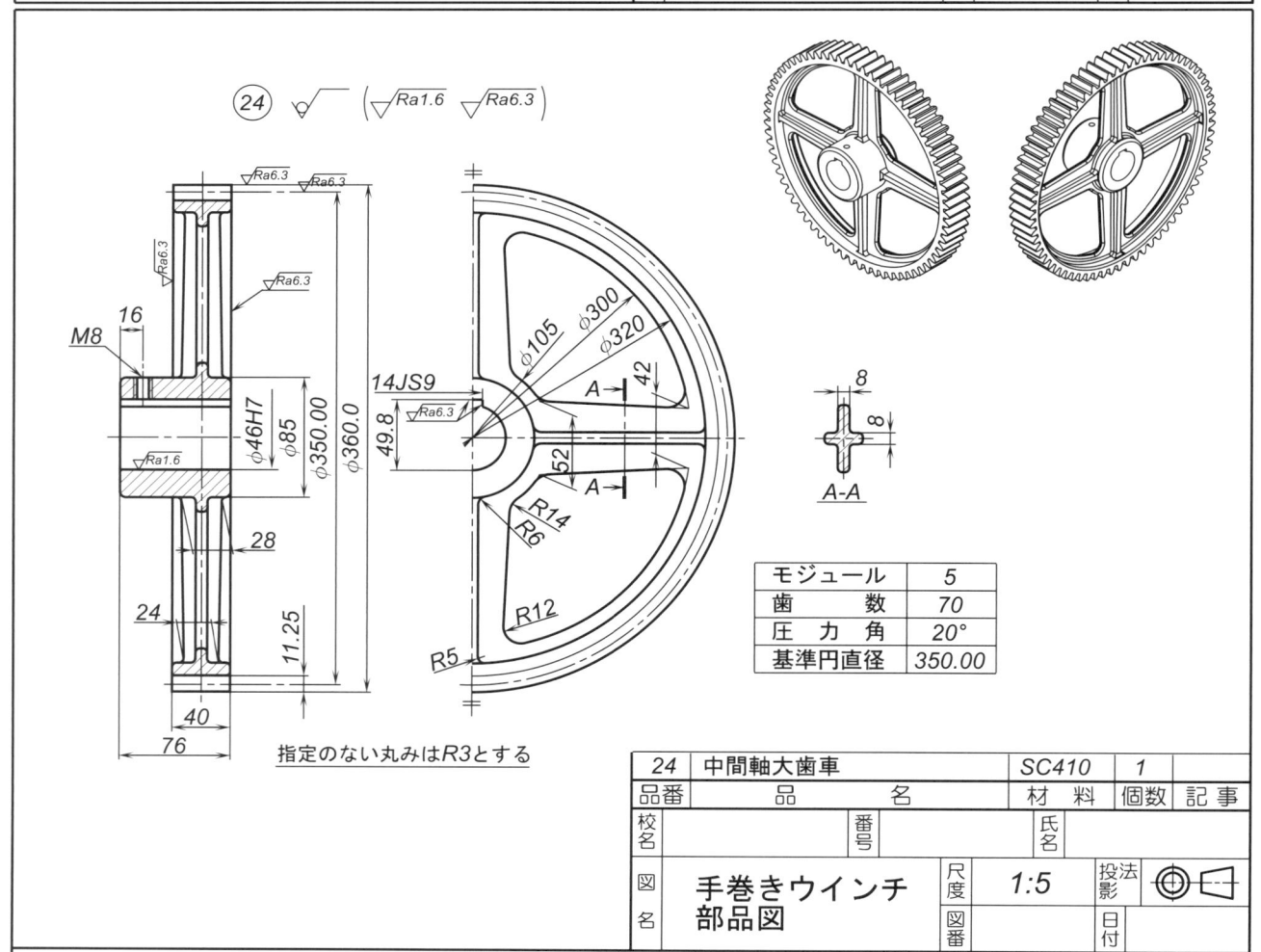

指定のない丸みはR3とする

表面性状：Ra6.3、Ra1.6

24	中間軸大歯車		SC410	1	
品番	品　　名		材　料	個数	記事

図名：手巻きウインチ部品図　尺度 1:5

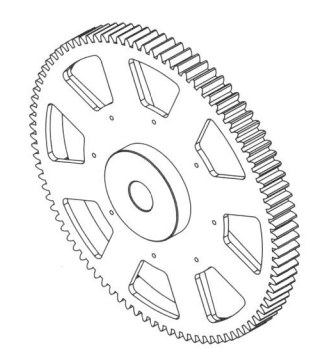

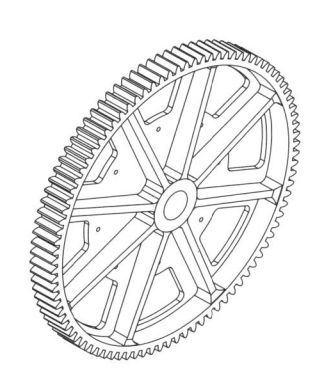

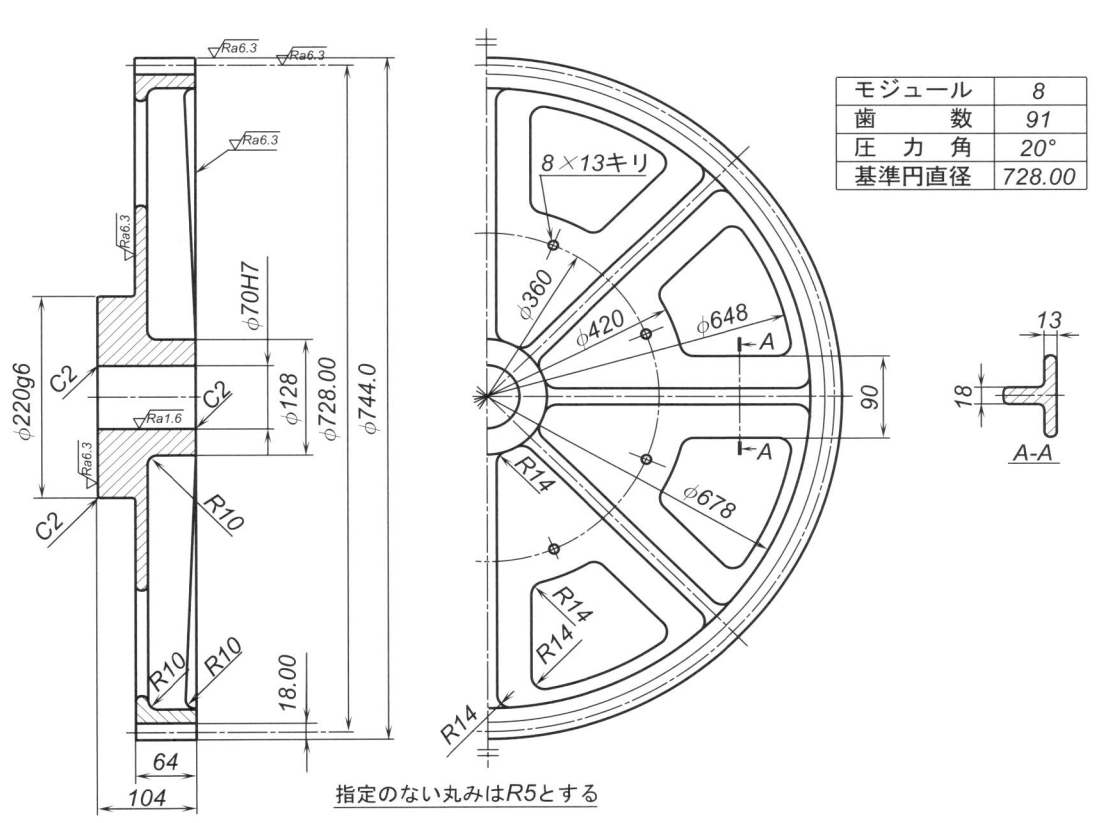

㉕ ∇ (∇Ra1.6 ∇Ra6.3)

モジュール	8
歯　数	91
圧 力 角	20°
基準円直径	728.00

指定のない丸みはR5とする

25	巻胴軸大歯車		FC200	1	
品番	品　　　名		材　料	個数	記事
校名		番号		氏名	
図名	手巻きウインチ 部品図		尺度 1:8 投影 ⊕⊟		図番 日付

80　付　　　録

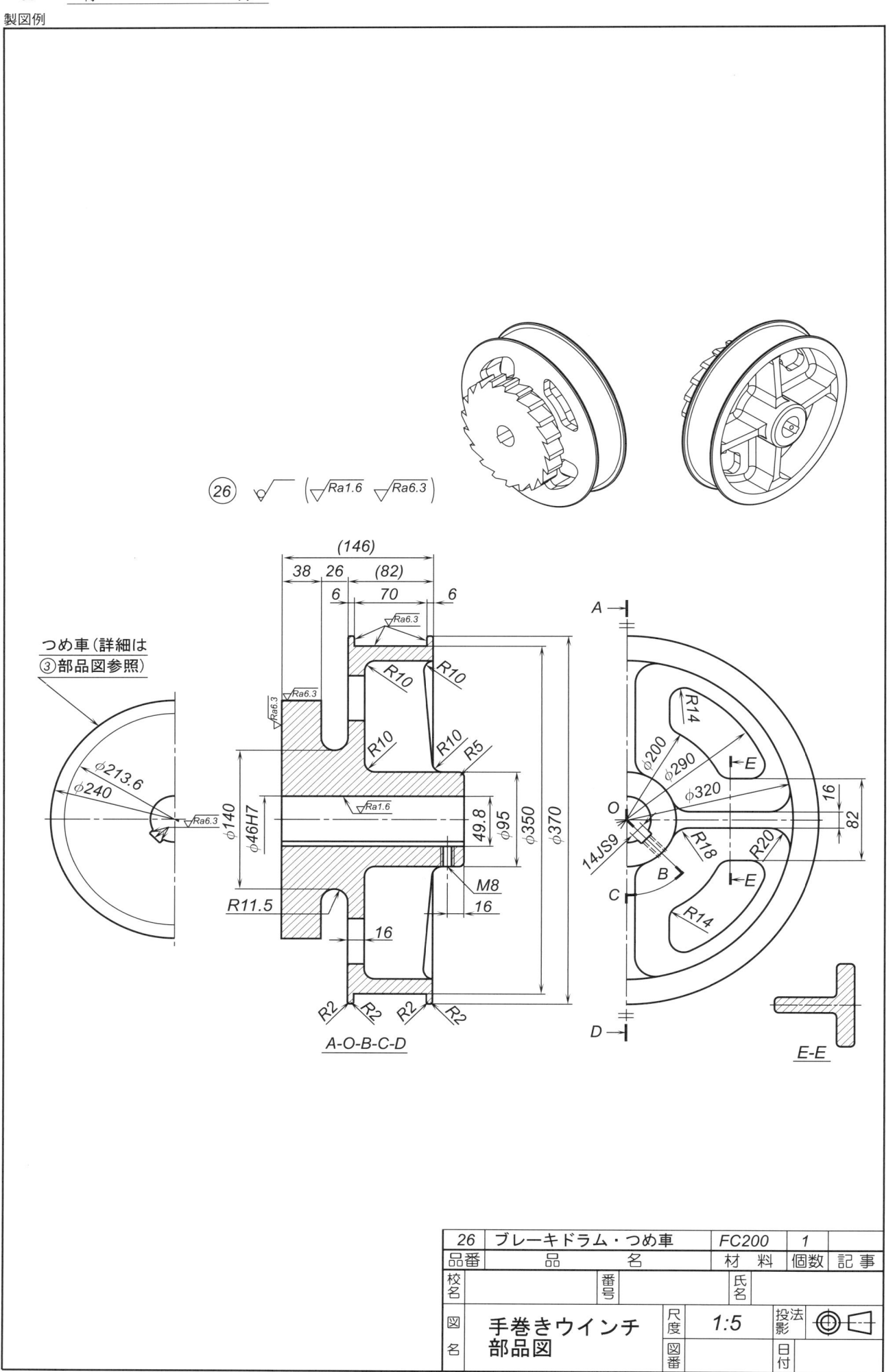

製図例

㉖ ✓ (√Ra1.6 √Ra6.3)

つめ車（詳細は
③部品図参照）

φ213.6
φ240
R11.5

(146)
38　26　(82)
6　70　6
√Ra6.3
R10　R10
√Ra6.3
R10　R10　R5
φ140
φ46H7
√Ra1.6
49.8
φ95
φ350
φ370
M8
16
16
R2　R2　R2　R2
A-O-B-C-D

R14
φ200
φ290
E
φ320
O
16
82
14JS9
R18
B
R20
C
R14
D

E-E

26	ブレーキドラム・つめ車		FC200	1	
品番	品　　名		材料	個数	記事
校名		番号		氏名	
図名	手巻きウインチ部品図		尺度 1:5	投影法 ⊕⊟	
			図番	日付	

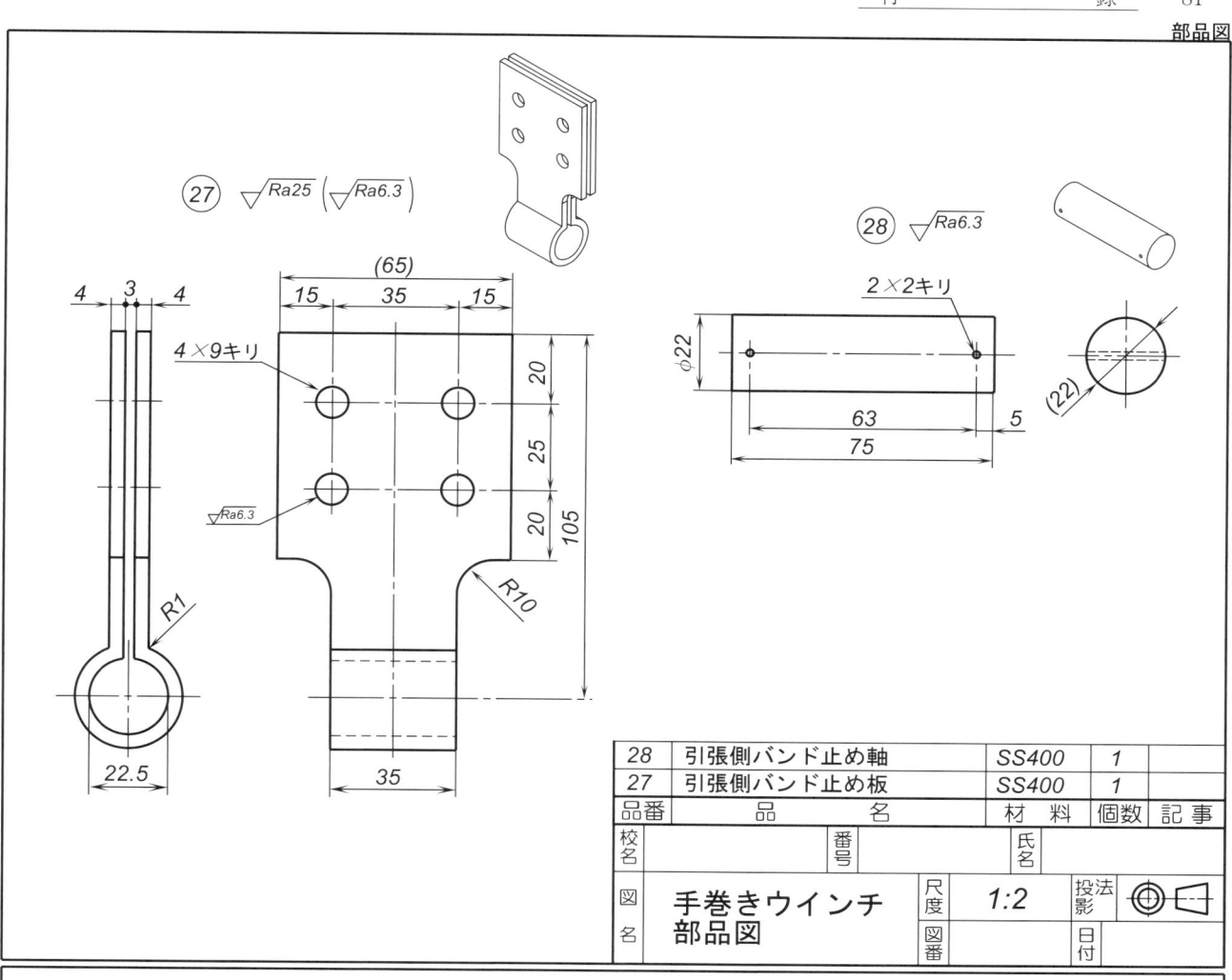

28	引張側バンド止め軸	SS400	1	
27	引張側バンド止め板	SS400	1	
品番	品　　名	材　料	個数	記事

図名: 手巻きウインチ部品図　尺度 1:2

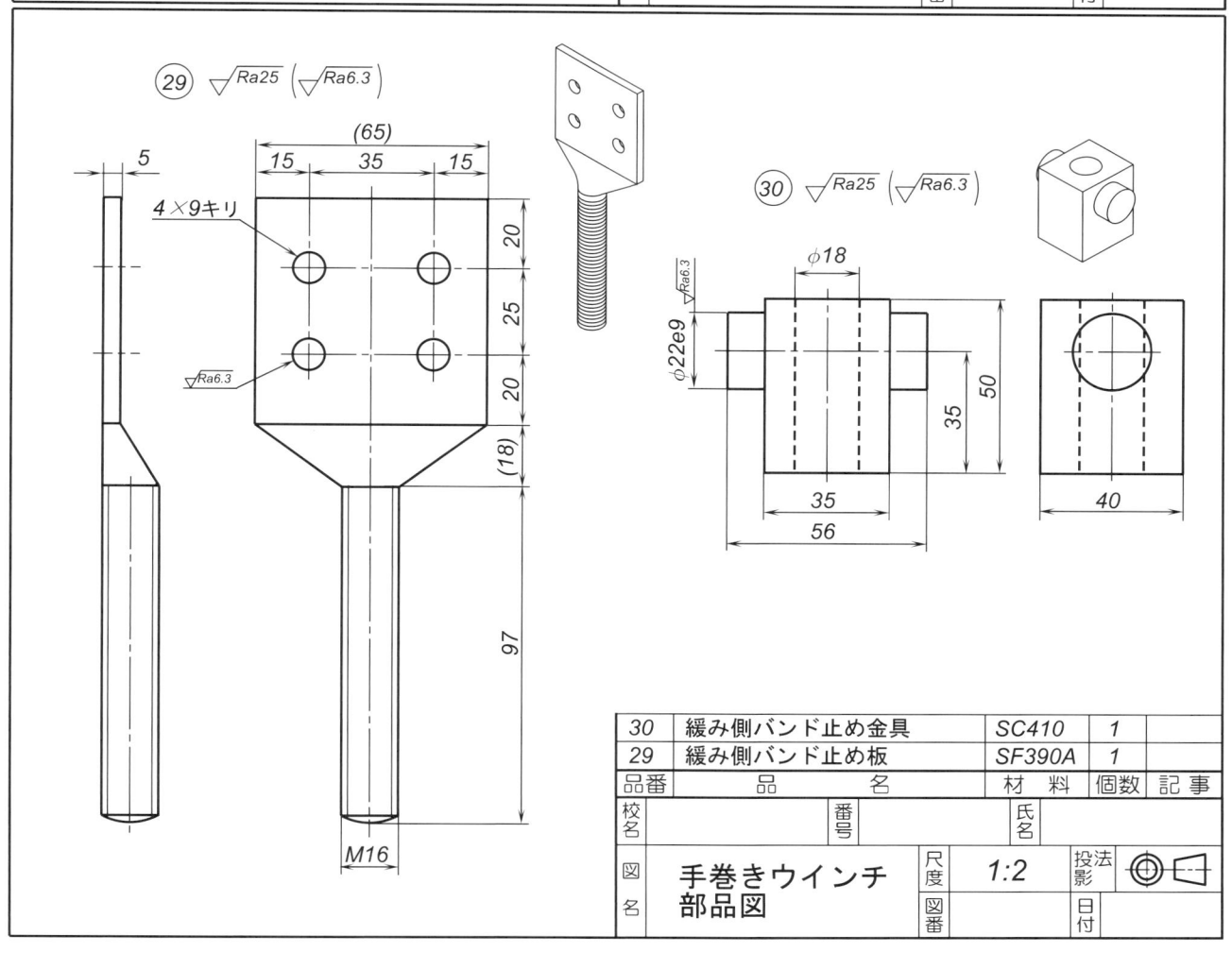

30	緩み側バンド止め金具	SC410	1	
29	緩み側バンド止め板	SF390A	1	
品番	品　　名	材　料	個数	記事

図名: 手巻きウインチ部品図　尺度 1:2

製図例

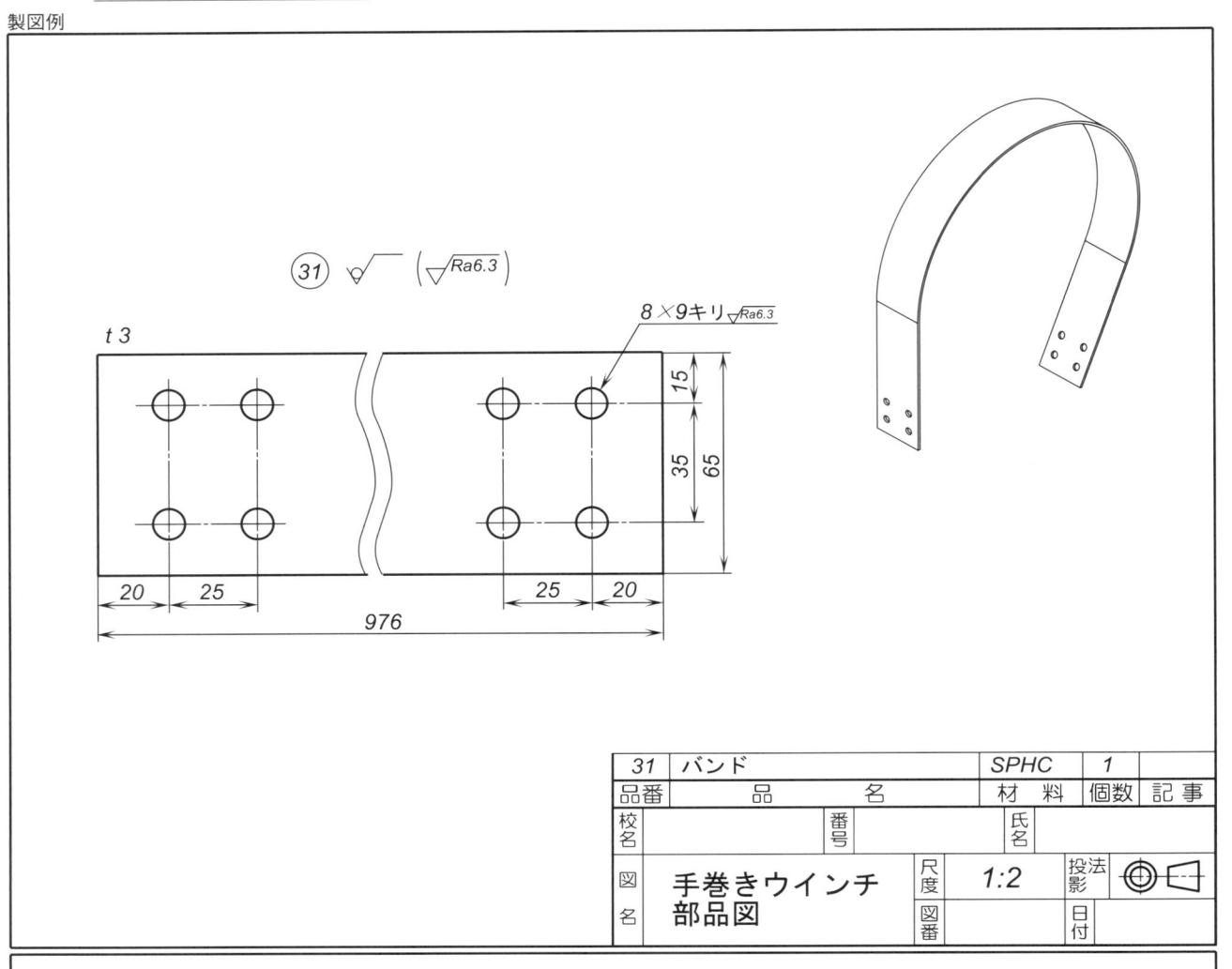

㉛ ∇ (∇Ra6.3)

t 3

8×9キリ ∇Ra6.3

15
35
65
20　25
25　20
976

31	バンド		SPHC	1	
品番	品　　　名		材　料	個数	記事
校名		番号	氏名		
図名	手巻きウインチ 部品図		尺度 1:2	投影法 ⊕⊟	
			図番	日付	

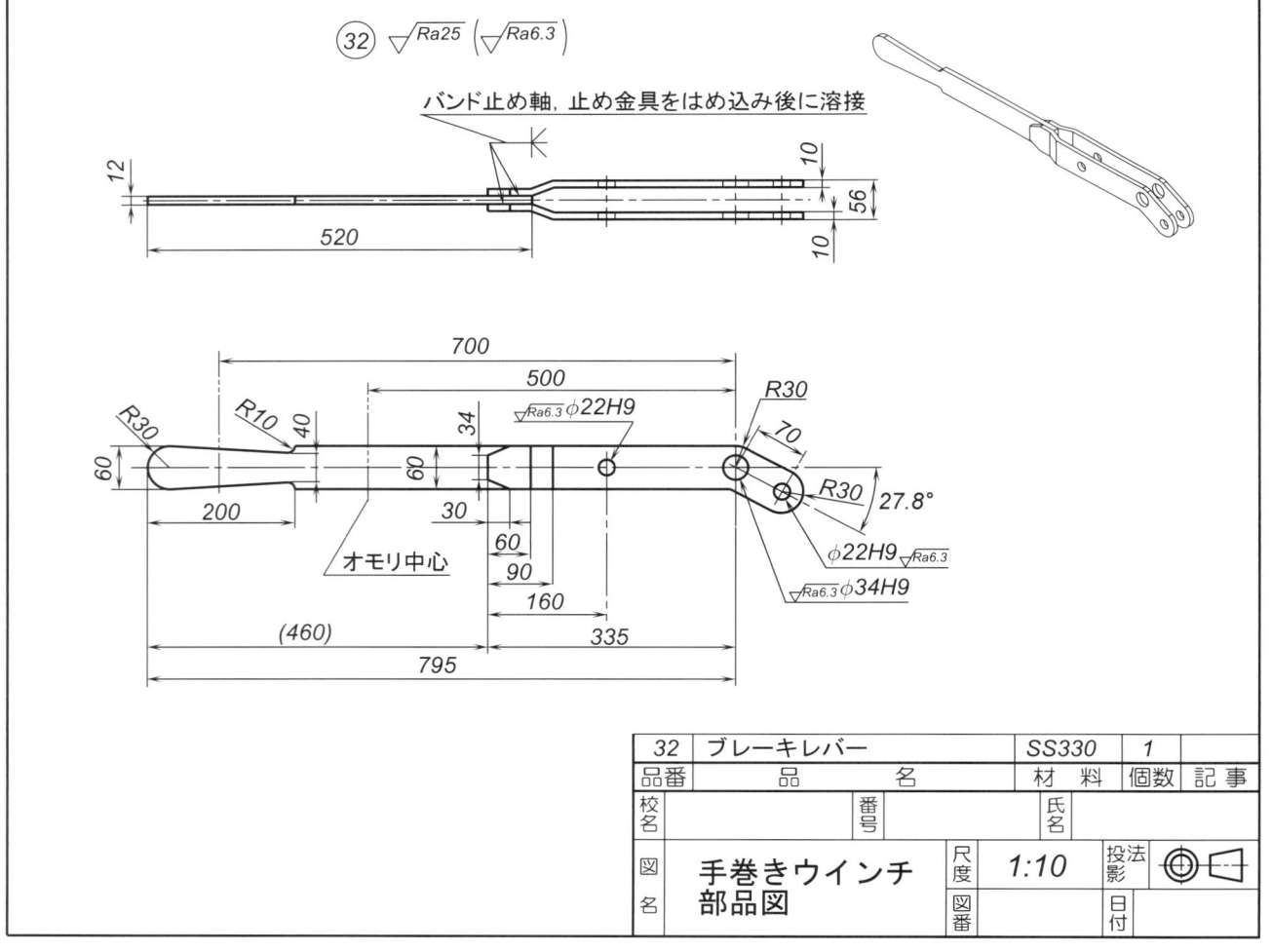

㉜ ∇Ra25 (∇Ra6.3)

バンド止め軸, 止め金具をはめ込み後に溶接

12
10
56
10
520

700
500
R30
R10　40
∇Ra6.3 φ22H9
R30
70
60
34
60
R30　27.8°
200
30
60
90
160
φ22H9 ∇Ra6.3
オモリ中心
∇Ra6.3 φ34H9
(460)
335
795

32	ブレーキレバー		SS330	1	
品番	品　　　名		材　料	個数	記事
校名		番号	氏名		
図名	手巻きウインチ 部品図		尺度 1:10	投影法 ⊕⊟	
			図番	日付	

付録 83

部品図

㉝ ▽ (√Ra6.3)

√Ra6.3 2×12キリ

√Ra6.3 34H7

61
R5
R5
10 (78.5)
88.5

72
42
R3
24
16
R3
62
(122)
60
R36

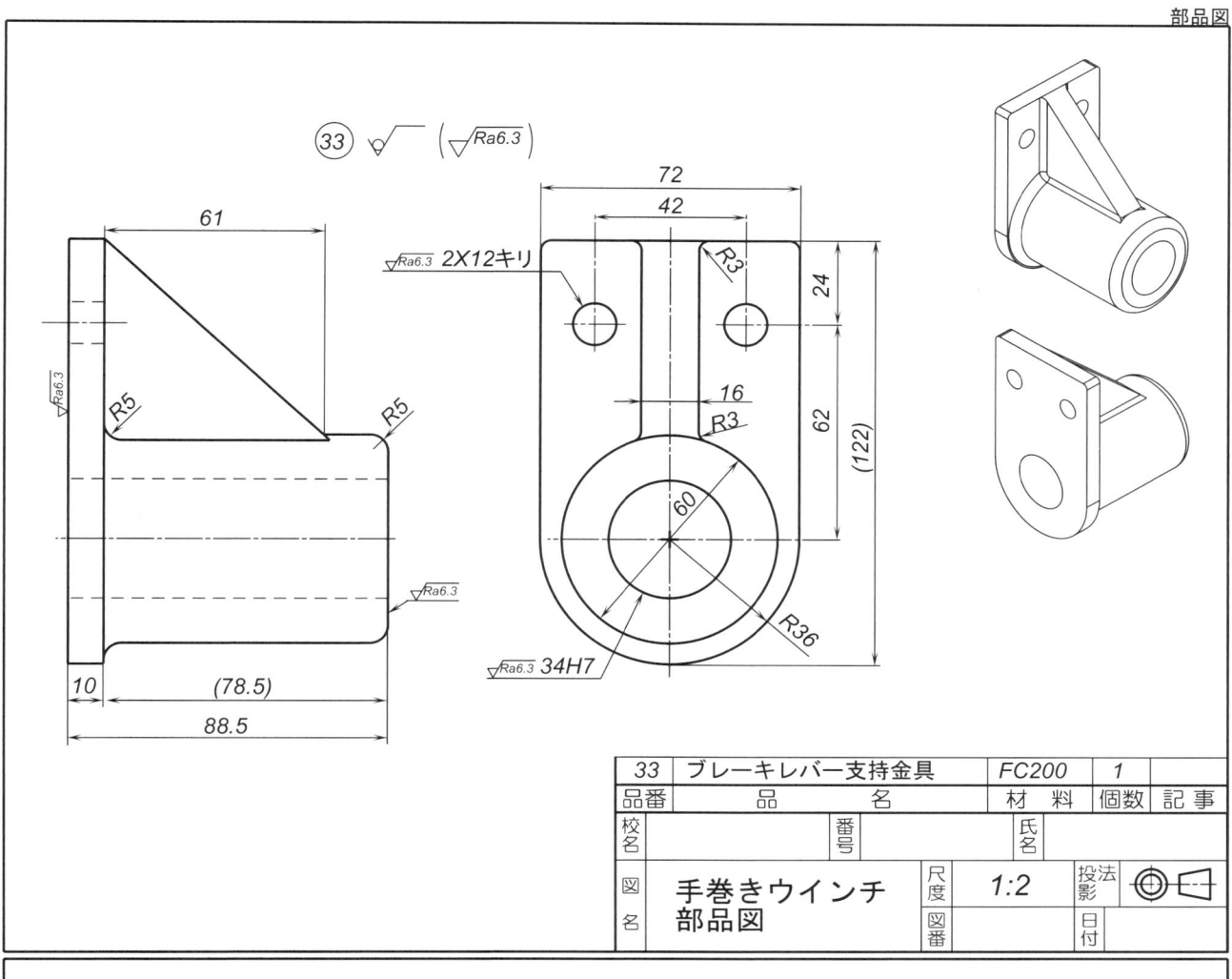

33	ブレーキレバー支持金具	FC200	1	
品番	品名	材料	個数	記事

校名 / 番号 / 氏名

図名 手巻きウインチ部品図 尺度 1:2 投影 ◉⌐ 図番 日付

㉞ √Ra6.3

M24
C2
φ24h7
φ34h7
2
M16
C1
8
42
145.5
16
(203.5)

㉟ √Ra6.3

φ17
φ60
3

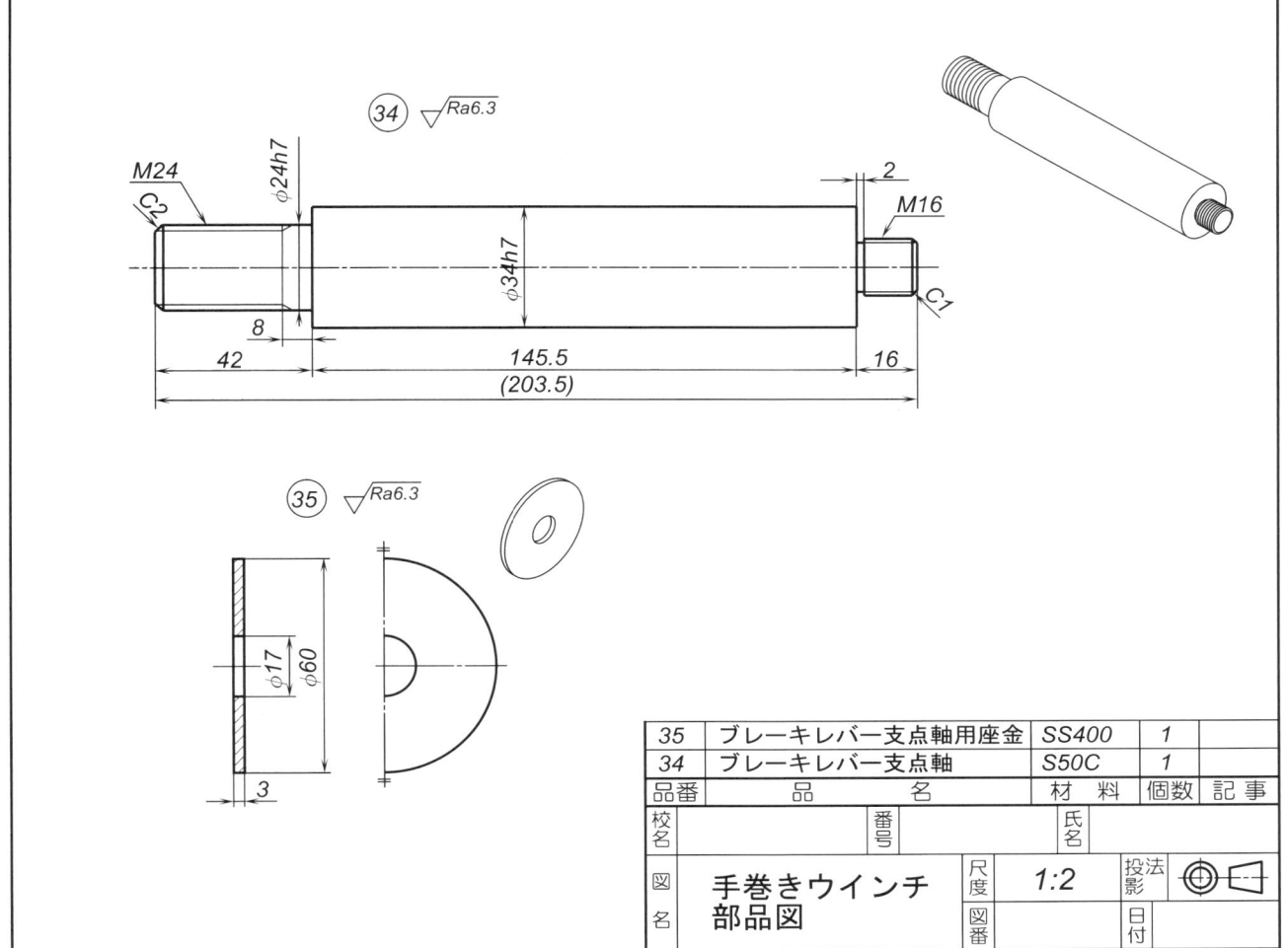

35	ブレーキレバー支点軸用座金	SS400	1	
34	ブレーキレバー支点軸	S50C	1	
品番	品名	材料	個数	記事

校名 / 番号 / 氏名

図名 手巻きウインチ部品図 尺度 1:2 投影 ◉⌐ 図番 日付

製図例

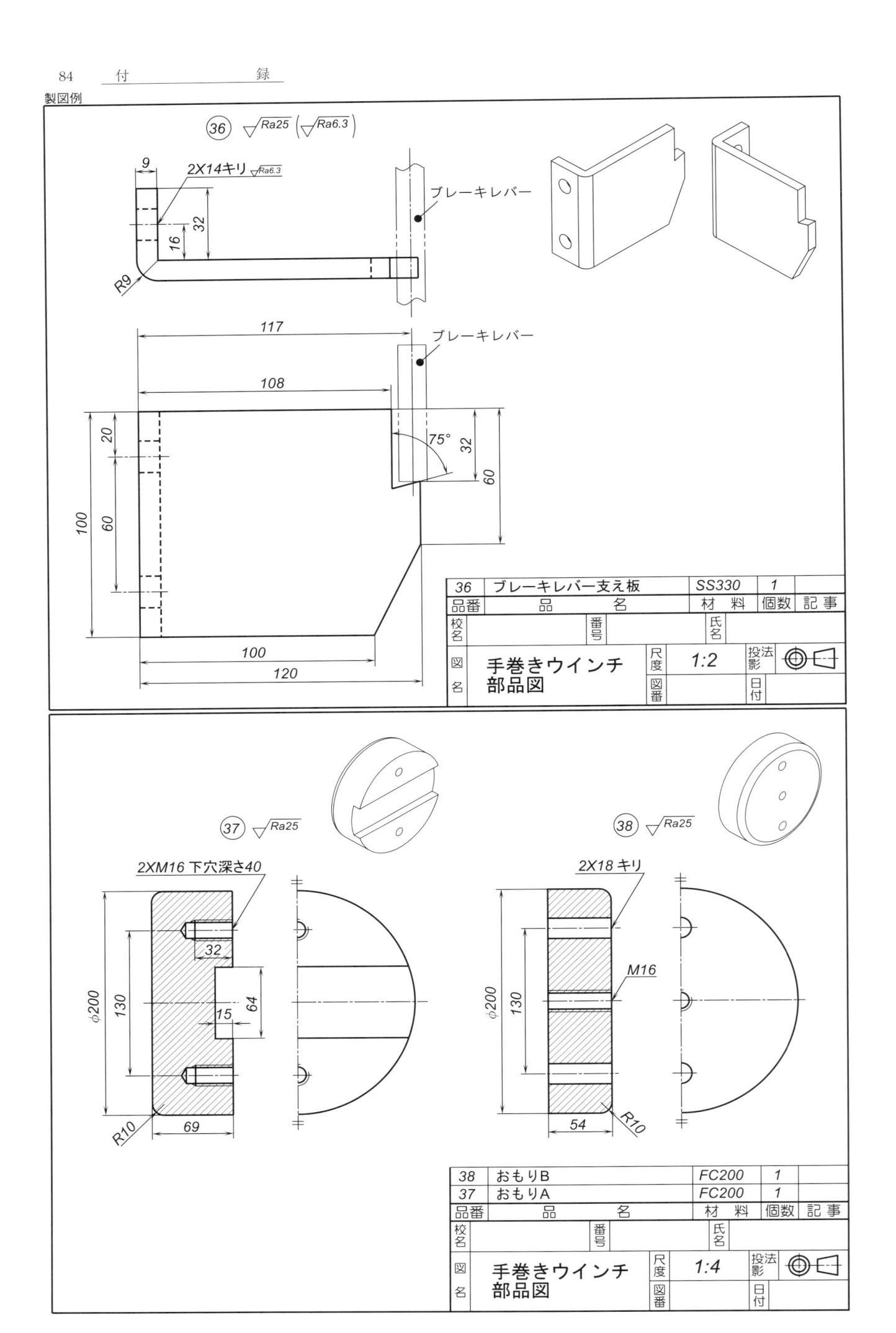

㊱ ∇Ra25 (∇Ra6.3)

2×14キリ ∇Ra6.3
9
32
16
R9
117
108
ブレーキレバー
75°
32
60
20
100
60
100
120

36	ブレーキレバー支え板		SS330	1	
品番	品　　　名		材　料	個数	記事
校名		番号		氏名	
図名	手巻きウインチ 部品図		尺度 1:2	投影法 ⊕⊏	
			図番	日付	

㊲ ∇Ra25　　　　　　　　　㊳ ∇Ra25

2×M16 下穴深さ40　　　　　2×18キリ
φ200
130
32
64
15
R10　69
M16
φ200
130
54
R10

38	おもりB		FC200	1	
37	おもりA		FC200	1	
品番	品　　　名		材　料	個数	記事
校名		番号		氏名	
図名	手巻きウインチ 部品図		尺度 1:4	投影法 ⊕⊏	
			図番	日付	

付録 85
部品図

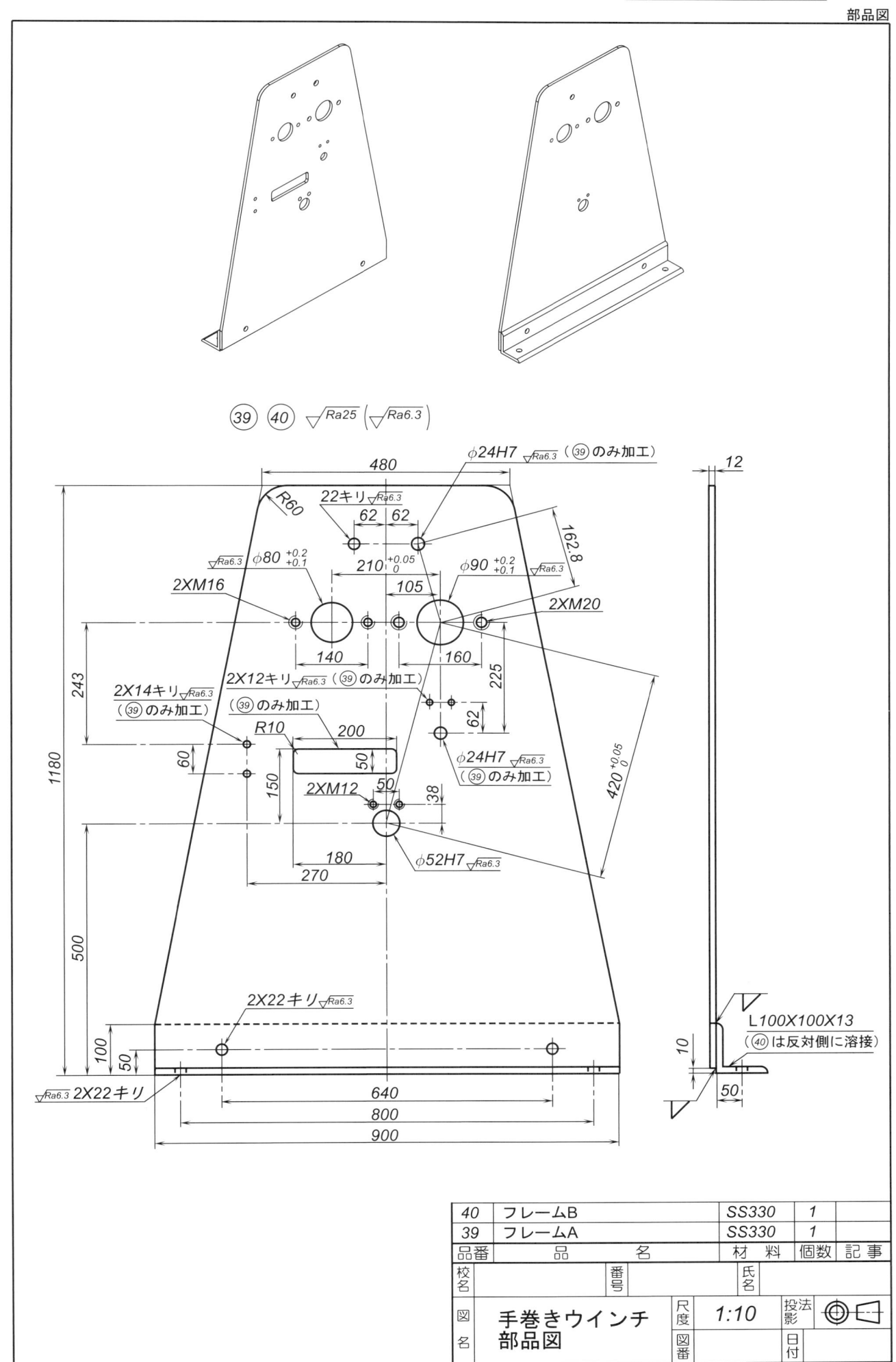

㊴ ㊵ ∇Ra25 (∇Ra6.3)

φ24H7 ∇Ra6.3 (㊟のみ加工)
480
R60
22キリ ∇Ra6.3
62 62
162.8
∇Ra6.3 φ80 +0.2/+0.1
210 +0.05/0
105
φ90 +0.2/+0.1 ∇Ra6.3
2XM16
140
160
2XM20
243
225
2X14キリ ∇Ra6.3
(㊟のみ加工)
2X12キリ ∇Ra6.3 (㊟のみ加工)
62
R10 200
50
φ24H7 ∇Ra6.3
(㊟のみ加工)
60
150
2XM12
50
38
420 +0.05/0
1180
180
270
φ52H7 ∇Ra6.3
12

500

2X22キリ ∇Ra6.3
100
50
L100X100X13
(㊵は反対側に溶接)
10
∇Ra6.3 2X22キリ
50
640
800
900

40	フレームB		SS330	1	
39	フレームA		SS330	1	
品番	品名		材料	個数	記事
校名		番号		氏名	
図名	手巻きウインチ 部品図		尺度 1:10	投影法 ⌀⊟	
			図番	日付	

製図例

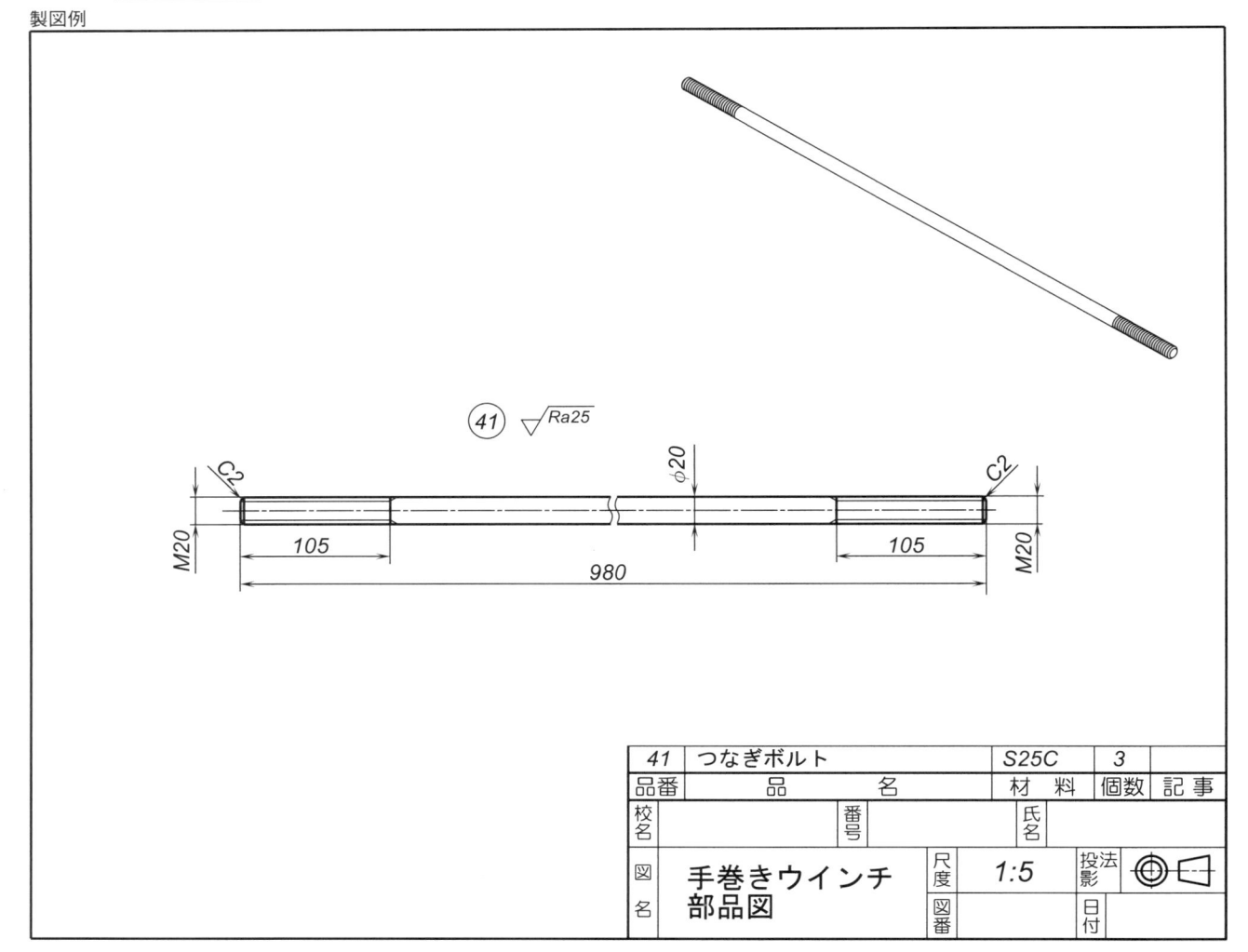

(41) √Ra25

M20 C2 105 φ20 980 105 C2 M20

41	つなぎボルト		S25C	3	
品番	品　名		材　料	個数	記　事
校名		番号		氏名	
図名	手巻きウインチ部品図		尺度 1:5	投影法 ⊕◻	
			図番	日付	

索　　　引

【あ】
圧力角　　　　　　　　14
アーム　　　　　　　　49
安全率　　　　　　　5, 26

【え】
円弧歯厚　　　　　　　14

【お】
おもり　　　　　　　18, 57

【か】
カラー　　　　24, 37, 42, 45

【き】
キー　　　　　　　　37, 42
機械効率　　　　　　　12
基準圧力角　　　　　　14
基準円　　　　　　　　14
基準円直径　　　　　　14
キー溝　　　　　　　37, 42
許容応力　　　　　　1, 3, 4
許容曲げ応力　　　　　3

【く】
クランクアーム　　　　37

【け】
減速比　　　　　　　　12

【こ】
硬鋼　　　　　　　　　1

【さ】
最大せん断応力説　　　29
座屈強さ　　　　　　　25

【し】
軸受　　　　　　　　　42
軸受メタル　　　　37, 42, 45
軸材料　　　　　　　　3
しまりばめ　　　　　　28
人力　　　　　　　　　12

【す】
すきまばめ　　　　　　28
すべり軸受　　　　　　38

【せ】
せん断変形　　　　　　24
全歯たけ　　　　　　　14

【た】
炭素鋼　　　　　　　　1
断面係数　　　　　　　22

【ち】
中間軸　　　　　　　31, 42
中間軸小歯車　　　　　12
中間軸大歯車　　　　　12
中間ばめ　　　　　　　28
鋳鋼　　　　　　　　　1
中心距離　　　　　　　14
鋳鉄　　　　　　　　　1

【つ】
つなぎボルト　　　　　62
つめ　　　　　　22, 24, 25
つめ車　　　　　　　22, 52
　　──の歯数　　　　22
つめ軸　　　　　　　　24

【と】
等辺山形鋼　　　　　　62
止め板　　　　　　　　45

【な】
軟鋼　　　　　　　　　1

【は】
歯形係数　　　　　　14, 15
歯車機構　　　　　　　12
歯車材料　　　　　　　3
歯先円　　　　　　　　14
歯先円直径　　　　　　14
歯数　　　　　　　　13, 14
歯数比　　　　　　　　12
歯底円　　　　　　　　14
歯の曲げ強さ　　　　　14
歯幅　　　　　　　　　14
歯末のたけ　　　　　　14
はめあい　　　　　　　28
バンド　　　　　　18, 52, 55
バンド止め板　　　　52, 54
バンド止め金具　　　52, 54
バンド止め軸　　　　52, 54
バンドブレーキ　　　　18
ハンドル軸　　　　　29, 37
ハンドル軸小歯車　　　12

【ひ】
ピッチ　　　　　　　　14
引張強さ　　　　　　　3
平座金　　　　　　　　10

【ふ】
ブシュ　　　　　　37, 42, 45
ブレーキ装置　　　　18, 55
ブレーキドラム　　　18, 52
ブレーキレバー　　　　18
ブレーキレバー支え板
　　　　　　　　　　52, 57
ブレーキレバー支持金具
　　　　　　　　　　52, 57
ブレーキレバー支点軸
　　　　　　　　　　52, 57
フレーム　　　　　　　62
フレーム台　　　　　　62

【へ】
平衡状態図　　　　　　1, 3

【ほ】
ボス　　　　　　　　　49
ボルト穴径　　　　　　10

【ま】
巻上げ荷重　　　　　　1
巻き数　　　　　　　　6

巻胴
巻　胴　　　　　　　　6
　　──つば径　　　　7
　　──肉厚　　　　　7
巻胴軸　　　　　　　35, 45
巻胴軸大歯車　　　　　12
巻胴直径　　　　　　　6
巻胴幅　　　　　　　　6
巻取りピッチ　　　　　6
曲げ変形　　　　　　　24
摩擦係数　　　　　　　20
摩擦材料　　　　　　　20

【め】
メートル並目ねじ　　　9

【も】
モジュール　　　　　14, 23

【よ】
揚程　　　　　　　　　1

【ら】
ライニング　　　　　　19
ラチェット　　　　　　22
ラチェットホイール　　22
ランキン　　　　　　　25

【り】
リブ　　　　　　　　　49
リム　　　　　　　　　49

【る】
ルイス　　　　　　　　14

【ろ】
六角ナット　　　　　　9
六角ボルト　　　　　　9

【わ】
ワイヤロープ　　　　　5
ワイヤロープ止め金具　6

―― 著者略歴 ――

1986 年　広島大学工学部第一類（機械系）卒業
1988 年　広島大学大学院工学研究科博士課程前期修了（機械工学専攻）
1988 年　山梨大学助手
1997 年　博士（工学）（大阪大学）
1999 年　徳島大学講師
2012 年　徳島大学准教授
2017 年　広島工業大学教授
　　　　現在に至る

機械設計製図テキスト
手巻ウインチ
Textbook of Mechanical design drafting Manual Winch
　　　　　　　　　　　　　　　　　Ⓒ Takuo Nagamachi 2011

2011 年 11 月 18 日　初版第 1 刷発行
2022 年 9 月 15 日　初版第 11 刷発行

検印省略	著　者	長　町　拓　夫
	発　行　者	株式会社　コロナ社
	代　表　者	牛　来　真　也
	印　刷　所	新日本印刷株式会社
	製　本　所	牧製本印刷株式会社

112-0011　東京都文京区千石 4-46-10
発 行 所　株式会社　コロナ社
CORONA PUBLISHING CO., LTD.
Tokyo Japan
振替 00140-8-14844・電話(03)3941-3131(代)
ホームページ　https://www.coronasha.co.jp

ISBN 978-4-339-04620-5　C3053　Printed in Japan　　　　　（中原）

JCOPY ＜出版者著作権管理機構 委託出版物＞
本書の無断複製は著作権法上での例外を除き禁じられています。複製される場合は，そのつど事前に，
出版者著作権管理機構（電話 03-5244-5088, FAX 03-5244-5089, e-mail: info@jcopy.or.jp）の許諾を
得てください。

本書のコピー，スキャン，デジタル化等の無断複製・転載は著作権法上での例外を除き禁じられています。
購入者以外の第三者による本書の電子データ化及び電子書籍化は，いかなる場合も認めていません。
落丁・乱丁はお取替えいたします。

提出用

品番	品　　名	材　料	個数	記事
校名	番号	氏名		
図名		尺度	投影法	
		図番	日付	